SCHÄFFER
POESCHEL

Mechthild Baumann

Fördermittel akquirieren

So schreiben Sie einen überzeugenden Antrag

2016
Schäffer-Poeschel Verlag Stuttgart

Dr. Mechthild Baumann hat mehr als 10 Jahre Erfahrung in der Fördermittelakquise und arbeitet als Gutachterin für Stiftungen und die Europäische Kommission.

Bibliografische Information der Deutschen Nationalbibliothek Die Deutsche Nationalbibliothek verzeichnet diese Publikation in der Deutschen Nationalbibliografie; detaillierte bibliografische Daten sind im Internet über http://dnb.d-nb.de abrufbar.

Print: ISBN 978-3-7910-3597-0 Bestell-Nr. 12002-0001
ePDF: ISBN 978-3-7910-3598-7 Bestell-Nr. 12002-0150

www.schaeffer-poeschel.de
service@schaeffer-poeschel.de

Umschlagentwurf: Goldener Westen, Berlin
Umschlaggestaltung: Kienle gestaltet, Stuttgart
(Bildnachweis: Shutterstock)
Satz: Claudia Wild, Konstanz

Juni 2016

Schäffer-Poeschel Verlag Stuttgart
Ein Tochterunternehmen der Haufe Gruppe

Danksagung

Ein Buch schreiben ist Teamwork – genau wie das Verfassen eines Förderantrags. Besonderer Dank gebührt deshalb Marion Schmid-Drüner und Massimo Ciscato, die tagtäglich Anträge begutachten und viele Erfahrungen aus ihrem Arbeitsalltag mit mir teilten, Eckart D. Stratenschulte, einem Meister der anschaulichen Vermittlung politischer Inhalte, für sein konstruktives Feedback, Sabine Knobel und meinem Mann Georg für die Rückenstärkung in Motivationstiefs, Faridah Mugrabi für die Anwendungstests, meinem Redakteur Frank Katzenmayer für die professionelle und freundliche Zusammenarbeit sowie meinem Lektor Alexander Kurz, dessen Argusaugen jede Unstimmigkeit entdecken.

Mechthild Baumann
Berlin, im März 2016

Inhaltsverzeichnis

1 Einleitung

Sie haben noch nie einen Projektantrag geschrieben? Sie haben schon mehrere Anträge geschrieben – und alle wurden abgelehnt? Sie wollen, dass Ihr Antrag endlich durchkommt? Dann ist dies das richtige Buch für Sie!

Dieses Buch ist ein Kondensat: Sie finden hier knapp und in hoch konzentrierter Form meine geballten Erfahrungen aus vielen erfolglosen, später aber dann erfolgreichen Anträgen, meine Ansichten als Gutachterin und das Neueste, was die Literatur zum Verfassen von Anträgen hergibt.

Das Einzigartige an diesem Buch: Ich schreibe es aus zwei Perspektiven. Einmal aus Sicht der Gutachterin und einmal aus Sicht der Antragstellerin.

So finden Sie zum einen die lehrbuchartige Beschreibung davon, wie Sie am besten an einen Projektantrag herangehen. Dazu gehört, schon lange vor Abgabefrist planvoll am Antrag zu arbeiten, um ein ausgereiftes, durchdachtes und verständlich geschriebenes Werk abzugeben. Idealerweise lesen Sie das Buch, noch bevor Sie ein konkretes Vorhaben im Auge haben und arbeiten dann in der Antragsphase alle Schritte nacheinander ab.

Zum anderen finden Sie hier aber auch eine Anleitung für Anträge auf den letzten Drücker. Aus persönlicher Erfahrung weiß ich, dass die gewöhnliche Lehrbuchvariante häufig nicht funktioniert. Entweder hat man die Ausschreibung eben erst entdeckt oder man hat einen Praktikanten damit beauftragt, der, wie sich hinterher herausstellte, völlig überfordert war. Oder man selbst hat den Antrag völlig unterschätzt. Eigentlich sollte man dann seine Energie gewinnbringender investieren, sich mit Freunden treffen oder ins Kino gehen, anstatt sich die Nächte mit einem Antrag um die Ohren zu schlagen. Wer dennoch unbedingt den Antrag einreichen will, weil es vielleicht die letzte Chance ist, dem stehe ich hier mit Rat und Tat zur Seite.

Wie dieses Buch aufgebaut ist

Ganz ehrlich: Nichts nervt mich mehr, als aufgeblähte Ratgeber. Eine Kernaussage, die auf fünf Seiten plattgewalzt wird, verschwendet wertvolle Zeit des Lesers. Das möchte ich Ihnen nicht antun, denn wenn Sie dieses Buch gekauft haben, befinden Sie sich wahrscheinlich schon im Stress.

Für die ganz eiligen Leser ist das Wichtigste kurz und knapp zusammengefasst.

BEISPIEL

Wer zum besseren Verständnis ein Beispiel genannt haben möchte, wird unter dieser Überschrift fündig.

TIPP

Tipps von Gutachtern und Geldgebern stehen auf einem grauen Feld.

ZUSATZWISSEN

Weiterführende Erläuterungen, warum Sie dieses oder jenes tun sollten, diskutiere ich mit Tina, der ungeduldigen Leiterin eines Berliner Vereins, die gerade dringend Geld für ihre vielen Vorhaben braucht und nicht so recht einsieht, warum dieser ganze Schreibkram notwendig sein soll.

2 Die Vorbereitung

2.1 Bevor Sie mit dem Schreiben beginnen

Zeitplanung: Wenn Sie einen Förderantrag für ein Projekt verfassen wollen, brauchen Sie viel Zeit. Es gilt die Faustregel: Je größer der Antrag, desto mehr Zeit brauchen Sie.

BEISPIEL

Eine Uni beabsichtigte, sich auf ein mehrjähriges Forschungsprojekt bei der EU zu bewerben. Es ging um mehrere Millionen Euro. Dazu wollte der ehrgeizige Professor mindestens sechs Partnerunis aus verschiedenen EU-Ländern gewinnen. Er stellte deshalb einen wissenschaftlichen Mitarbeiter ein, der sich ausschließlich um die Zusammenstellung des Konsortiums kümmerte und den Antrag gemeinsam mit den Partnern verfasste. Dafür benötigte der Mitarbeiter – in Vollzeit arbeitend – mehr als ein halbes Jahr. Der Antrag wurde am Ende bewilligt. Natürlich dauert nicht jeder Projektantrag ein Jahr, aber erfahrungsgemäß planen die meisten Einrichtungen viel zu wenig Zeit ein.

Ein Antrag, in dem Sie Angaben machen müssen zu kurzfristigen, mittelfristigen und langfristigen Zielen, zu Projektmanagement und Öffentlichkeitsarbeit, der ein Gantt-Diagramm und Monitoringmaßnahmen abfragt, für solch einen Antrag wird ein geübter Antragsschreiber *mindestens drei Monate* brauchen. Sie sind nicht geübt? Dann rechnen Sie noch einen Monat drauf - mindestens!

TIPP

Ich erlebe immer wieder, dass Anträge nicht vollständig eingereicht werden. Offenbar reichte die Zeit nicht. Wenn wichtige Punkte oder Felder nicht ausgefüllt sind, kann es passieren, dass der Antrag schon bei der ersten formalen Überprüfung durchfällt. Da ist es doch schade um die ganze Arbeit ...

2.2 Schlüpfen Sie in die Rolle des Gutachters

Rollentausch vornehmen: Wenn Sie in einem Antrag um Geld bitten, heißt das nichts anderes, als dass Sie möglichen Geldgebern Ihre Idee oder Ihr Vorhaben verkaufen wollen. Sie sind der *Verkäufer.* Ihre Idee ist Ihr Produkt oder Ihre Dienstleistung.

Ein guter Verkäufer kann sich in die Lage seiner Käufer versetzen und seine Produkte und Dienstleistungen überzeugend aufbereiten und präsentieren. Dasselbe sollten Sie tun, wenn Sie einen Förderantrag schreiben. Beachten Sie bitte: Sie wollen zwar am Ende das Projekt umsetzen – aber »kaufen« muss es zunächst Ihr Geldgeber. Deshalb sollten Sie ab jetzt die Perspektive wechseln.

ZUSATZWISSEN

Tina: Was soll dieser Unsinn gleich zu Beginn des Buches? Ich will nichts verkaufen. In unserem Verein kümmern wir uns um benachteiligte Kinder, da gibt es nichts zu verkaufen!

Mechthild: Doch! Sie »verkaufen« Ihr Projektvorhaben. Sie wollen einen Geldgeber davon überzeugen, dass er gerade Ihr Projekt fördern soll – und nicht die der anderen. Bitte bedenken Sie: Beim Einwerben (der Akquise) von Fördermitteln herrscht der gleiche Wettbewerb wie in der Wirtschaft.

Stimmt auch wieder. Die letzten beiden Anträge hat ein anderer Verein durchbekommen.

Überlegen Sie nun bitte, was einen guten Verkäufer ausmacht. Stellen Sie sich vor, Sie wollen ein Haus bauen. Was ist Ihnen wichtig im Gespräch mit einer Hausbaufirma?

Naja, ich möchte sichergehen, dass die Firma das gewünschte Haus bauen kann. So ein Haus ist schließlich eine große Investition.

Ist das alles?

Nein. Gleichzeitig möchte ich als Hausbauer verstehen, welche Bedingungen an den Hausbau geknüpft sind und was ich am Ende kriege.

Das heißt, die Hausbaufirma sollte in der Lage sein, Ihnen alle Bauschritte und den Umfang der Ausstattung in verständlichen Worten zu erläutern. Sie entscheiden sich genau dann für die Baufirma, wenn diese Sie überzeugt – und nicht, wenn sie Sie beschwatzt. Das Bauunternehmen muss seriös sein. Das heißt, es braucht Argumente, die Sie nachvollziehen können. Ein guter Architekt sollte Ihnen darlegen können, welches Modell vielleicht nicht zu Ihren Bedürfnissen passt oder worin die Schwachstellen der einzelnen Hausmodelle bestehen. Dann können Sie selbst die Stärken und Schwächen der einzelnen Modelle gegeneinander abwägen.

Ich will vor allem wissen, worauf ich mich einlasse.

Richtig! Die Baufirma sollte Ihnen auch deutlich sagen, wo die Risiken liegen. Was, wenn eine Zulieferfirma Pleite geht? Was passiert, wenn das Fundament falsch gegossen wurde? Würden Sie einer Baufirma vertrauen, die sagt: »Bei uns gibt es keine Risiken, es läuft immer alles gut«? Ich nicht.

2.3 Gutachter sind ganz normale Menschen

Jeder Geldgeber hat Gutachter, die für ihn die Anträge prüfen. Um einen Antrag aus der Sicht des Gutachters schreiben zu können, muss man erst einmal wissen, wer den Antrag begutachten wird, denn in der Regel bekommt man dieses Phantom nie zu sehen. Grundsätzlich gibt es mindestens eine, wahrscheinlich aber mehrere Personen, die Ihren Antrag lesen und anschließend entscheiden: Kaufe ich! Oder: Kaufe ich nicht.

Die wichtigste – und aus Sicht eines Antragstellers oft völlig verblüffende – Beobachtung, die ich in Brüssel, Berlin und anderswo mit Personen gemacht habe, die Anträge bewerten, ist: Gutachter sind ganz normale Menschen. Ein Gutachter ist kein Genie, kein Dechiffrierer und auch kein Gedankenleser. Grob kann man zwei Arten von Gutachtern unterscheiden: interne und externe.

- **Interne Gutachter** sind die Mitarbeiter des Geldgebers, z. B. Beamte der Europäischen Kommission, Projektleiter einer Stiftung, wissenschaftliche Referenten einer Behörde oder auch eine Jury oder ein Kuratorium. Sie verrichten ihre »normale Arbeit«. Manchmal formulieren sie eine Ausschreibung zur Vergabe von Geldern für Projekte, veröffentlichen diese und bewerten anschließend die Anträge.
- **Externe Gutachter** werden von den Geldgebern engagiert, wenn diese entweder den Umfang der Anträge nicht allein bewältigen können oder wenn sie die Expertise der externen Gutachter »einkaufen« möchten. Deshalb sind externe Gutachter in der Regel Experten auf dem Gebiet, das gerade Gegenstand der Ausschreibung ist.

Ob intern oder extern, gemein ist den meisten Gutachtern, dass sie unter Zeitdruck arbeiten, meist mehrere Anträge auf einmal bearbeiten müssen, nebenbei noch ihre »normale« Arbeit verrichten müssen, mit anderen Worten: Genauso wie die Antragsteller unter Stress stehen.

Bewertungsverfahren: Je nach Geldgeber und Ausschreibung bewertet ein einzelner oder eine Gruppe (Konsortium) aus bis zu fünf Gutachtern einen Antrag. Es liegt auf der Hand, dass die Chance auf eine faire Bewertung in einem Konsortium mit zwei und mehr Gutachtern höher liegt, als wenn man der Meinung einer Einzelperson ausgeliefert ist.

Je nachdem wie formalisiert das Verfahren zur Vergabe der Geldmittel ist, sind Gutachter an mehr oder weniger strenge Regeln gebunden. Als Faustregel gilt:

Je höher die Geldsumme, umso ausführlicher und strenger die Regeln.

An diese Regeln müssen Gutachter sich halten, haben also wenig Bewertungsspielraum. Das ist gut für Sie.

2.4 Gutachtertypen

Darüber hinaus hilft es Ihnen jedoch vielleicht, sich immer wieder vor Augen zu führen, dass Gutachter ganz normale Menschen sind. Um das Phantom, das Sie in der Regel nicht zu sehen bekommen, mit Leben zu erwecken, habe ich einige Gutachter typologisiert.

Die Gutachterportraits, die gleich folgen, sind weder repräsentativ noch in irgendeiner Weise wissenschaftlich fundiert. Sie sind das Ergebnis meiner eigenen Erfahrungen, Beobachtungen und denen einiger hilfsbereiter Kollegen.

Der Gerechte

Er nimmt seine Aufgabe sehr ernst, hat nicht nur den Antrag gründlich studiert, sondern auch die dazugehörige Ausschreibung. Er berücksichtigt alle Aspekte und begutachtet den Antrag wohlwollend, denn er möchte den Antragschreibern eine faire Chance einräumen. Sein Wohlwollen verliert dieser Typ jedoch dann, wenn er merkt, dass der Antragschreiber nicht genauso korrekt und pflichtbewusst gearbeitet hat wie er selbst, oder wenn gar feststellbar ist, dass er unsachgemäß übertreibt, ins Blaue hinein formuliert oder schlampig arbeitet.

Der Gutmensch

Er hat den Antrag meist nur oberflächlich gelesen, findet ihn aber großartig. Außerdem anerkennt er, dass der Antragsschreiber sich wahnsinnig viel Mühe gemacht hat, wirklich, das ist toll! Das muss man wohl berücksichtigen. Deshalb: volle Punktzahl! Auf ihn zu treffen, ist ein Glücksfall für jeden Antragschreiber. Geht es um höhere Summen, gibt es aber meist mehr als einen Gutachter und die Wahrscheinlichkeit, gleichzeitig auf zwei Wohlwollende zu treffen, ist sehr gering.

Der Lebemann

Er liest den Antrag – wenn überhaupt – nur quer und das in allerletzter Minute. Er verfasst das Gutachten nur, weil er entweder Geld braucht oder von einem Kollegen dringlich darum gebeten wurde. Schon nach der ersten Seite weiß er nicht mehr, ob er den Antrag mag oder nicht. Aber in den Verhandlungen muss er doch zumindest den Anschein erwecken, er habe den Antrag gelesen, also blufft er munter drauflos. Je nach Stimmung und Kollegen schwingt er sich zu Lobeshymnen auf oder sieht leider gar keine Chance für dieses Vorhaben. Da er argumentativ nichts dafür- oder dagegenhalten kann, lässt er sich jedoch auch leicht umstimmen.

Der Kammerjäger

Keiner liest den Antrag gründlicher als er. Mit Feuereifer scannen seine Augen den Antrag, er inhaliert den Text geradezu. Ihm entgeht kein Kommafehler, keine Wiederholung und vor allem: kein Widerspruch. Findet er einen Fehler, dann freut er sich und schießt los: Punktabzug – unwürdige Arbeit! In seiner Pedanterie ist er auch nicht geneigt, Punkte für z. B. die Beschreibung der Methode zu geben, wenn diese nicht im vorgeschriebenen Abschnitt, sondern irgendwo anders auftaucht. Einzige Gegenmaßnahme: Gewissenhaft arbeiten.

Der Professor

Er ist erfahren, belesen, meist schon jenseits der Fünfzig und – eitel. Er begeistert sich für die Neuerungen, die in den Anträgen vorgestellt werden, insbesondere bei Forschungsanträgen. Er verliert sich in der Vorhabenbeschreibung, nimmt sie auseinander und fragt sich insgeheim, warum er selbst nicht auf die Idee gekommen ist. Praktische Aspekte wie die Umsetzung des Projekts oder die Finanzplanung tut er als unwichtig ab. Stundenlang könnte er sich in Fachsimpelei verlieren und hört dabei am liebsten doch seinen eigenen Ausführungen zu.

Der Überhebliche

Er hat alles schon gelesen. Alles schon gesehen. Ihm kann keiner mehr etwas erzählen. Er weiß schon vorher, dass das vorgeschlagene Vorhaben oder Projekt gar nicht funktionieren kann. Positiver gestimmten Gutachterkollegen bringt er nur Geringschätzung entgegen. An dem Antrag lässt er kein gutes Haar. Pech für jeden Antragsteller.

2.5 Beachten Sie diese Tipps

Kennen Sie die Ausschreibung vor Ihrer Veröffentlichung?

Gespräch suchen: Der frühe Vogel fängt den Wurm. Warten Sie deshalb nicht erst auf die Veröffentlichung der Ausschreibung. Häufig sind die Fristen bis zur Abgabe sehr eng getaktet. Wenn Sie schon wissen, wer als Geldgeber in Frage kommt, bitten Sie um einen Termin und beraten Sie mit den zuständigen Bearbeitern, was in naher Zukunft auf der Agenda steht. So können Sie schon mal beginnen, Ihre Partner zu suchen und über ein Thema nachzudenken. Sie gewinnen damit unter Umständen viel wertvolle Zeit!

Schreiben Sie den Antrag selbst

Ich habe es erlebt, dass insbesondere kleine oder unerfahrene Einrichtungen sich beim Antragsstellen der Hilfe von Ghostwritern bedienen. Tun Sie das nicht! Sie müssen schließlich alles, was Sie im Antrag versprechen, hinterher auch einlösen. Sie müssen Berichte schreiben, Fortschritte bewerten, abrechnen, umsetzen, Fehlplanungen justieren und vieles mehr. Spätestens dann bekommen Sie Probleme. Natürlich können Sie sich beraten lassen, nehmen Sie sich einen Coach, lassen Sie den Antrag gegenlesen (siehe Seite 88), aber schreiben Sie ihn selbst. Sie schaffen es!

Lesen Sie die Ausschreibung

Alle Gutachter, die ich um Tipps für die Antragstellung bat, antworteten wie aus der Pistole geschossen: Lesen Sie die Ausschreibung! Das heißt, Sie müssen die gesamte Ausschreibung von der ersten bis zur letzten Seite lesen – Absatz für Absatz, Wort für Wort. Sie müssen alle Anforderungen verstehen. Ist Ihnen etwas unklar, fragen Sie sofort nach.

TIPP

Checkliste erstellen
Erstellen Sie gleich beim Lesen Ihre eigene Checkliste – so vergessen Sie nichts! Legen Sie dazu ein Blatt Papier neben Ihre Unterlagen und wann immer Sie im Ausschreibungstext auf eine Forderung, einen Hinweis oder eine Empfehlung stoßen, notieren Sie dies auf dem Blatt. Später können Sie die einzelnen Punkte abhaken und gehen sicher, dass Sie nichts vergessen.

Antragsteller sollten die ganze Ausschreibung lesen. Auch den Anhang. Und das Arbeitsprogramm. Und sie sollten alle Tipps und Anforderungen auf der Internetseite des Geldgebers lesen. Lesen Sie die »Hinweise für Antragsteller« oder den »Guide for Applicants« besonders sorgfältig. Erst dann sollten Sie loslegen.

Beachten Sie die 100-Prozent-Regel

Für die meisten Anträge gilt: Erfüllt Ihr Vorhaben nicht zu 100 Prozent alle Bedingungen der Geldgeber – lassen Sie es besser gleich. Sie sparen viel Energie und Nerven. Es gibt auf Ausschreibungen immer so viele Bewerber, dass Sie mit einem nur guten Antrag de facto keine Chance haben. Versuchen Sie bitte auch nicht, ein Vorhaben, das Sie schon längere Zeit in der Schublade liegen haben, unter die Ausschreibung zu »packen«, weil es, großzügig betrachtet, eigentlich ganz gut dazu passt. Lassen Sie es, man bemerkt dies sofort. Man stellt beim Lesen fest, ob ein Antrag stringent formuliert ist oder ob er an ein paar Stellen angepasst oder »gebügelt« wurde, um zu der Ausschreibung zu passen.

Benutzen Sie Schlüsselwörter

Wenn Sie mit Ihrem Antrag auf eine Ausschreibung reagieren, müssen Sie sich auf diese beziehen. Es muss ganz klar werden, dass Ihr Vorhaben zu 100 Prozent den Anforderungen der Ausschreibung entspricht.

Aber bitte – machen Sie sich die Mühe und formulieren Sie selbst! Es ist nichts peinlicher, als wenn man den Ausschreibungstext als reine Kopie ohne weitere Erläuterungen im Antrag wiederfindet, am besten noch nicht einmal als Zitat gekennzeichnet. Die Schlüsselwörter der Ausschreibung müssen Sie nennen, aber bitte den Rest selbst formulieren.

Woran erkenne ich Schlüsselwörter?

Schlüsselwörter sind Worte in der Ausschreibung, die immer wieder auftauchen und den Kern dessen widerspiegeln, was den Geldgebern wichtig ist.

BEISPIEL

Schlüsselwörter

Hier ein Ausschreibungstext der Europäischen Union:
Das Europäische Programm für Beschäftigung und soziale Innovation 2014-2020 (»EaSI«)1 ist ein Finanzierungsinstrument auf europäischer Ebene, das direkt von der Europäischen Kommission verwaltet wird und zur Durchführung der Strategie Europa 2020 beitragen soll, indem es die Ziele der Europäischen Union hinsichtlich der Förderung eines hohen Niveaus *hochwertiger und nachhaltiger Beschäftigung*, der Gewährleistung eines *angemessenen und fairen sozialen Schutzes* sowie der *Bekämpfung von sozialer Ausgrenzung* verfolgt. (Europäisches Parlament/Rat der EU 2013).
Das Programm »EaSI«, mit all seinen Unterprogrammen und Maßnahmen, hat folgende Ziele:

a) besondere Berücksichtigung *sozial schwacher Gruppen*, wie etwa jungen Menschen;
b) Förderung der Gleichstellung von Frauen und Männern;
c) Bekämpfung von *Diskriminierung* aus Gründen des Geschlechts, der Rasse oder der ethnischen Herkunft, der Religion oder der Weltanschauung, einer Behinderung, des Alters oder der sexuellen Orientierung;
d) Förderung eines hohen Niveaus hochwertiger und nachhaltiger Beschäftigung, Gewährleistung eines angemessenen und fairen sozialen Schutzes, Bekämpfung von Langzeitarbeitslosigkeit, Armut und sozialer Ausgrenzung.

Die Schlüsselwörter sind hier kursiv gedruckt. Sie sind zentral für das Verständnis der Ausschreibung. Auf diese sollten Sie sich in Ihrem Antrag beziehen, Sie sollten sie erwähnen – ohne die ganze Ausschreibung im Wortlaut zu kopieren.

Schreiben Sie Unangenehmes zuerst

Erfahrungsgemäß erzielen die meisten Antragsteller ihre Punkte bei der Beschreibung des Problems und ihrer Projektidee. Die meisten Punktabzüge gibt es bei den Abschnitten »Umsetzung (Implementation)« und »Auswirkungen (Impact)«, also bei der genauen Ausformulierung der einzelnen Durchführungsschritte und der erwarteten Wirkungen. Das hat meiner Erfahrung nach zwei miteinander verbundene Gründe.

Grund 1: Diese Teile sind die schwierigsten. Sie sind sehr knifflig und erfordern analytische und redaktionelle Fähigkeiten. Man muss hier das gesamte Vorhaben komplett durchdenken und so genau wie möglich beschreiben, was man wie erreichen will und warum.

Weil das so schwierig ist, greift Grund 2: Man verdrängt die Aufgabe, und schreibt diese Teile erst später. Und genau darin liegt der Fehler!

Die Lösung: Schreiben Sie diese Abschnitte zuerst. Die inhaltliche Begründung geht meist viel leichter von der Hand. Die kann man auch am Ende noch schnell erledigen – investieren Sie lieber mehr Zeit in die Beschreibung der Umsetzung und der vermuteten Auswirkungen Ihres Projektvorschlags.

Seien Sie fleißig und genau

Gehen Sie auf alle Anforderungen in der Ausschreibung ein. Auf jede einzelne. Beantworten Sie sie präzise und vollständig. Ein Gutachter ist angehalten, jeden dieser Aspekte abzuprüfen. Ist ein Feld nicht ausgefüllt, gibt es unter Umständen gleich Abzüge. Das gilt leider auch, wenn Sie in der Antragshektik ein Feld einfach vergessen.

Persönlichkeitsrechte: Häufig passiert dies meiner Erfahrung nach im Feld »Privacy/Persönlichkeitsrechte/IPR«. Persönlichkeitsrechte gewähren die freie Entfaltung der Person gegenüber dem Staat und im privaten Rechtsverkehr und schützen die »geistige« Persönlichkeit. Geschützt werden der Name, das Recht am eigenen Bild, das Urheberrecht und personenbezogene Daten. Das ist ein Bereich, der auf viele Vorhaben nicht zutrifft, und viele Antragssteller füllen das Feld dann nicht aus. Bitte machen Sie sich die Mühe und schreiben »Da das Projekt ›so und so‹ angelegt ist, können keine Privacy-Probleme auftreten. Auf die Erarbeitung einer Privacy-Strategie wird deshalb verzichtet.« Das reicht völlig aus und Sie riskieren keinen Punktabzug.

TIPP

Ein typischer Fehler ist, dass Antragsteller eine gute Idee haben und diese technisch ausführlich erklären. Sie versäumen es allerdings, das Projektmanagement, den Arbeitsplan, die Wirkung und die Verbreitung der Ergebnisse zu beschreiben. Doch geht es bei einem Antrag nicht nur darum, eine coole Idee zu haben und diese wissenschaftlich zu umschreiben. Sie müssen *das gesamte Projekt* beschreiben.

3 Die Projektlogik verstehen

Sie haben eine großartige Idee! Damit können Sie die Welt verbessern – zumindest einen kleinen Teil davon. Um die Idee umzusetzen, brauchen Sie nur noch Geld, dann läuft das schon. Sie schreiben einen Brief mit Ihrem Anliegen an einen Geldgeber und bekommen vier Monate später einen knappen Absagebrief.

Ursachen für Absagen: Die Absage kann mehrere Gründe haben.

1. Die Idee war doch nicht so gut.
2. Die Idee war gut und überzeugend formuliert, aber der Geldgeber hat kein Geld.
3. Die Idee war zwar gut, aber Sie haben sie nicht überzeugend formuliert.

Trifft Punkt 1 zu, kann ich Sie nur motivieren, weiterzudenken, vielleicht mit Kollegen. Gehen Sie auf Konferenzen, tauschen Sie sich mit Experten auch aus anderen Bereichen aus. Sprechen Sie mit Ihrer potenziellen Zielgruppe und finden heraus, wo diese der Schuh genau drückt. Das wird schon!

Trifft Punkt 2 zu ist das zwar ärgerlich, aber für dieses Mal wohl nicht mehr zu ändern. Betrachten Sie das Antragschreiben als Training – es hält Sie geistig fit und flexibel. Bewerben Sie sich im nächsten Jahr wieder. Führen Sie vorher jedoch ein Gespräch mit dem Geldgeber, um auszuloten, wie Ihr Projekt noch mehr Aussicht auf Erfolg haben könnte.

Hier sind beispielhaft ein paar Förderquoten aufgeführt: Im Programmbereich »Europa der Bürger« der Europäischen Kommission wurden 15 Prozent aller eingereichten Anträge bewilligt. Die Erfolgsquote im Forschungsprogramm der EU pendelt zwischen 5 und 20 Prozent. Wenn Sie alle Tipps aus diesem Buch beherzigen, erhöhen Sie die Wahrscheinlichkeit auf die Förderung Ihres Projekts signifikant.

Trifft Punkt 3 zu – was bei einer nur kurzen Beschreibung der Idee durchaus möglich wäre – dann sollten Sie hier weiterlesen.

3.1 Von der Idee zum Projekt

Oft es geht einem beim Antragschreiben wie einem Schriftsteller: Man hat tausend tolle Ideen, aber sie wollen einfach nicht raus aus dem Kopf. Wie gelähmt sitzt man vor dem Computer und wartet auf eine Eingebung. Da nicht absehbar ist, dass diese Eingebung noch rechtzeitig vor Ende der Eingabefrist kommt, möchte ich Ihnen hier einige Tipps zur Entwicklung Ihrer Idee unterbreiten.

Tipps zur Ideenentwicklung

Fangen Sie an zu schreiben: Sollten Sie eine Schreibblockade haben, das heißt, Sie wollen gerne schreiben, bringen aber keinen vernünftigen Satz zu Papier, dann gilt es einfach anzufangen. Stoppen Sie die Zeit und schreiben Sie eine Minute am Stück. Irgendwas. Zusammenhanglos. Was Ihnen gerade in den Sinn kommt – Sinniges, Unsinniges. Sie können es hinterher in den Papierkorb schmeißen.

Der Sinn dieser Übung liegt darin, sich selbst und seinen Kopf zu überlisten. Sie werden sehen, die folgenden Schreibarbeiten gehen Ihnen dann leichter von der Hand.

Stellen Sie die Ausgangssituation dar: Beginnen Sie nun, die Ausgangssituation zu beschreiben. Insbesondere, wenn Ihnen das Schreiben schwerfällt, sollten Sie sich jetzt nicht unter Druck setzen, besonders geschliffene Formulierungen zu finden. Wichtig ist, dass Sie anfangen und Informationen zu Papier bringen. Der Feinschliff folgt dann später.

Gehen Sie bei der Beschreibung der Ausgangssituation auf die W-Fragen ein:

Was? Welchem Zustand möchten Sie sich widmen? Wohnungsknappheit, Kinderarmut, Kriminalität, Isolation einzelner Menschen, Krankheiten, ungleiche Bezahlung usw.

Wer? Wer ist von diesem Zustand betroffen? Von der Wohnungsknappheit z. B. Menschen mit geringem Einkommen oder Alleinerziehende; von der Kinderarmut Kinder und ihre Familien; von der Kriminalität die Opfer (je nach Zusammenhang auch die Täter); von der Isolation Menschen ohne Familie oder Senioren; von der ungleichen Bezahlung z. B. Frauen.

Wie? In welcher Weise sind die Personen von diesem Zustand betroffen? Wo müssen die Betroffenen mit Einschränkungen rechnen? Was macht das mit ihnen? Beschreiben Sie dies möglichst bildhaft. Gerne können Sie hierzu auch eine Zeichnung anfertigen.

Wo? Welchen Ort beschreiben Sie gerade, welche Stadt, welche Gemeinde, welchen Landstrich?

TIPP

Schreiben Sie in dieser Phase zu jeder W-Frage mindestens zwei Sätze.

Warum gibt es dieses Problem? Warum ist der Zustand so, wie er ist? Wie ist es dazu gekommen? Erläutern Sie dabei auch, wer oder was alles mit dem Problem in Verbindung steht.

Kinderarmut fällt ja nicht vom Himmel, genauso wenig die anderen gerade beschriebenen Beispielzustände bzw. -probleme. Welche Personen oder Institutionen haben damit zu tun? Wenn Wohnungen fehlen, hängt das damit zusammen, dass die

Nachfrage nach Wohnungen mit dem Angebot nicht übereinstimmt. Wieso ist die Nachfrage derzeit so hoch? Und die andere Frage: Warum gibt es so wenig Angebote? Geht das auf politische Programme zurück? Oder hat das mit der allgemeinen wirtschaftlichen Lage zu tun? Oder kaufen bestimmte Investoren den Markt leer?

Lösungsvorschlag: Nun folgt *Ihr Vorschlag* zur Problemlösung: Was wollen Sie dazu beitragen? Wo setzen Sie an? Bei der Ursache? Beim Zustand?

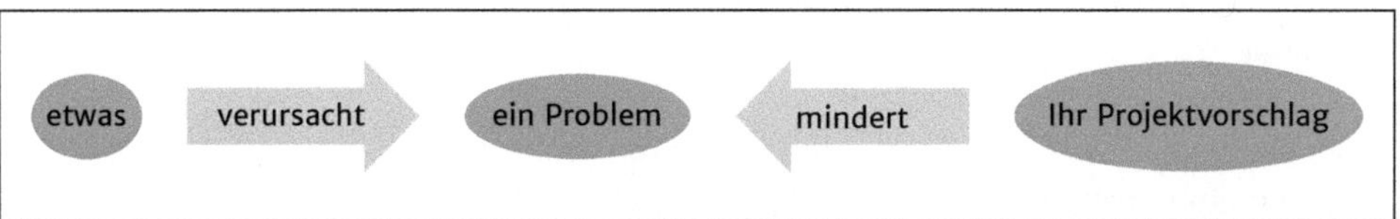

Abb. 1 *Von der Problemursache zum Projektvorschlag*

Wenn Sie alle W-Fragen beantwortet haben, dann formulieren Sie bitte Ihren Lösungsvorschlag: »Ich will erreichen, dass …«.

Ihr Lösungsvorschlag ist *Ihr Projektvorhaben*: Schreiben Sie jetzt – in dieser Findungsphase – zu diesem Punkt nur wenig, vielleicht ein bis drei Sätze. Im Kapitel »Logical Framework Approach« (siehe Seite 27) werden wir das Thema noch einmal ausführlicher behandeln. Bis jetzt haben Sie die Ausgangslage umrissen. Mit Ihrem Vorhaben wollen Sie diesen Zustand ändern. Dafür brauchen Sie Unterstützung: Personal, Dinge und – Geld! Im nächsten Schritt werden wir Ihren Lösungsvorschlag in eine Projektform gießen.

Rezept: Man kann das Antragschreiben auch mit dem Kuchenbacken vergleichen. Zunächst einmal brauchen Sie Zutaten (das sind die Antworten auf die W-Fragen), die vermischen Sie und gießen sie anschließend in eine Form (das ist der Logical Framework Approach). Am Ende steht dann ein präsentabler Kuchen, der ansprechend aussieht. Ob er schmeckt, das entscheiden am Ende die Gutachter …

3.2 Was kennzeichnet ein Projekt?

Ein Projekt ist ein Vorhaben, mit dem man etwas erreichen will, in der Regel will man ein *Problem* lösen. Man könnte auch etwas neutraler sagen, dass man einen Zustand ändern möchte. Was man erreichen will, ist das *Ziel*; was man unternimmt, sind die *Maßnahmen*.

Projektmerkmale: Um das Projektziel zu erreichen, trifft man Maßnahmen. Diese kosten Geld, das in einem Kostenplan (Budget) berechnet wird. Merkmale eines Projekts sind:

- Es verfolgt ein spezifisches Ziel.
- Es hat zuvor festgelegte Start- und Endzeiten (Befristung).
- Es hat einen festgelegten Kostenplan (Budget).
- Seine Ergebnisse sind überprüfbar (Evaluation).
- Es wird eigens organisiert, ist einmalig.

Darüber hinaus ist wichtig, dass in einer Projektbeschreibung

- alle Beteiligten (Stakeholder) klar benannt sind, nicht nur diejenigen, die das Projekt ausführen, auch die Zielgruppe, andere Nutznießer oder Partner
- klar festgelegt ist, wie das Projekt gesteuert wird (Management and Coordination);
- festgelegt ist, wie die Projektfortschritte überwacht und bewertet werden sollen (Monitoring and Evaluation)
- den verschiedenen Maßnahmen realistisch kalkulierte Ausgaben zugewiesen sind (Europäische Kommission 2004, S. 8).

BEISPIELE

Beispiele für Projekte sind:

1. Das Programm »Meier IV« plant, bis Ende 2020 mindestens 5000 Langzeitarbeitslose in einen unbefristeten Arbeitsvertrag zu bringen.
2. Das Projekt »Platon« setzt es sich zum Ziel, die Sprachfähigkeit von Grundschülern in Berlin bis Dezember 2020 zu verbessern.
3. Mit dem Forschungsprojekt »Demos« wollen die Antragsteller eine Software zur Vorhersage von Gewaltausschreitungen bei Demonstrationen entwickeln.

Zur Abgrenzung folgen einige Beispiele für Programme – keine Projekte

1. Die Bundesregierung setzt es sich zum Ziel, die deutsche Bevölkerung in Vollbeschäftigung zu bringen.
2. Die Berliner Senatsverwaltung setzt es sich zum Ziel »dass alle Schülerinnen und Schüler sehr gute schulische Erfolge erzielen und den bestmöglichen Schulabschluss erlangen.« (Quelle: http://www.berlin.de/sen/bildung/bildungspolitik, 07.07.2015)
3. Zentrale Aufgabe des Bundesministeriums des Innern ist es, die öffentliche Ordnung und die innere Sicherheit der Bundesrepublik Deutschland zu gewährleisten.

ZUSATZWISSEN

Tina: Wie soll ich jetzt anfangen?

Mechthild: Zunächst einmal brauchen Sie für ein Projekt ein Problem.

Hören Sie bitte auf damit, ich habe schon genug Probleme!

Damit ist ein Zustand gemeint, den Sie verbessern wollen. Sei es, ein Hotel behindertengerecht umzubauen, das Leseverständnis von Schülern zu verbessern oder eine Software für mehr Sicherheit in Innenstädten zu entwickeln. Ein Projekt unterscheidet sich von anderen Arbeiten darin, dass es einen Anfang und ein Ende hat. Da ein Projekt über ein klar definiertes Ziel verfügt, kann man am Ende auch seinen Erfolg messen.

Ich habe immer noch nicht ganz verstanden, was genau ein Projekt sein soll: Stakeholder, Ziele, das verwirrt mich eher, als dass es Klarheit schafft.

Kein Problem! Ein Projekt ist ein Maßnahmenpaket, mit dem man ein bestimmtes Problem lösen möchte. Mit der Problemlösung beschreibt man das Ziel des Ganzen. Wenn man nicht ein bestimmtes Ziel erreichen wollte, wozu die ganze Mühe?

Das heißt, ich muss immer ein Problem formulieren, wenn ich ein Projekt starten will?

Ja. Mit dem Projekt wollen Sie ein konkretes Problem lösen. Das ist Ihr Ziel. Meist kann man die Ziele danach unterscheiden, ob sie bald (kurzfristig), etwas später (mittelfristig) oder aber viel später (langfristig) erreicht werden sollen. Damit man diese verschiedenen Ziele nicht miteinander verwechselt, gibt man ihnen gleich spezielle Namen:

Das ist aber sehr umständlich – und viel Arbeit!

Ja, aber Sie wollen ja auch viel Geld.

Umgangs-sprachlich	Offiziell	Im »Antragssdeutsch«	Auf Englisch	Beispiel
Bald	Kurzfristig	Projektziel, Ergebnis	Output	Unterrichtsmaterial
Später	Mittelfristig		Outcome	Kompetenzen der Schüler verbessern
Viel später	Langfristig	Übergeordnetes Ziel, strategisches Ziel	Impact	Mehr Partizipation durch junge Menschen

***Abb. 2** Begrifflichkeit von Zielformulierungen*

BEISPIEL

Projektziel definieren

Hier ein Beispiel, in dem die Ziele *mangelhaft* dargestellt sind:
Sie wollen Gewaltausschreitungen von Demonstrationen mithilfe einer unter Ihrer Regie entwickelten Software voraussagen. Ihr Projektziel ist die Finanzierung Ihrer Promotionsstelle, der Outcome mehr Bürgerbeteiligung an der Politik und der Impact der Weltfrieden.
Warum werden Sie mit dieser Begründung keine Förderzusage bekommen?
Auflösung: Ein mittelfristiges Ziel wäre hier z. B., dass die Vorhersage von Gewaltausschreitungen es der Polizei oder anderen Institutionen ermöglichen würde, Gewaltausschreitungen im Vorfeld zu verhindern oder personenschonender mit ihnen umzugehen. Den Weltfrieden als langfristiges Ziel anzugeben, ist viel zu vage. Natürlich ist der Impact immer etwas allgemeiner. Aber man sollte schon einen sinnvollen Bezug zum Projekt herstellen können. Zum Beispiel könnte man als langfristiges Ziel eine erhöhte Sicherheit im öffentlichen Raum angeben oder die Eindämmung von Extremismus und Gewalt.

3.3 Warum werden Projekte gefördert?

Wieso vergeben öffentliche Einrichtungen wie Ministerien oder die EU Fördermittel? Warum tun dies auch Stiftungen? Die Fördermittel – meist für Projekte – sind das letzte Glied in einer Kette zur Ziel- und Interessenverfolgung dieser Geldgeber.

Ziele der Geldgeber erkennen: Jede Einrichtung – sei dies ein Ministerium, eine Generaldirektion der Europäischen Kommission oder eine Stiftung – verfolgt ihre eigenen Ziele und Interessen. Die Verfolgung dieser Ziele gehört zu ihrer Daseinsberechtigung. (Ziele und Interessen gehen hier ineinander über, deshalb nenne ich beide. In anderen Zusammenhängen muss man sie sauber voneinander trennen.)

BEISPIEL

Das Gesundheitsministerium verfolgt das Ziel einer möglichst gesunden Bevölkerung. Die Generaldirektion Inneres der Europäischen Kommission verfolgt das Ziel einer hohen Erwerbstätigkeit unter Eingewanderten. Die Stiftung der Evangelischen Kirche in Hessen und Nassau fördert den Dialog von Kirche und Theologie mit Wirtschaft und Politik, Kunst und Bildung sowie Wissenschaft und Technik.

Werden allgemeine Ziele verfolgt, verabschieden solche Einrichtungen häufig Mehrjahresprogramme. Es ist allen Beteiligten klar, dass man größere Veränderungen nicht binnen eines halben Jahres herbeiführen kann, dazu braucht es Zeit. Deshalb setzen öffentliche Einrichtungen häufig mithilfe von Programmen Schwerpunkte in ihrer Arbeit.

Projekte dienen der Zielerreichung: Auch wenn sich viele Bürger über die große Anzahl von Bürokraten in der Verwaltung beschweren – um all die politischen Programme umzusetzen, sind es viel zu wenige. Außerdem fehlt es ihnen an Fachwissen, das man in den vielen verschiedenen Bereichen benötigt. Deshalb werden die Programme in einzelne »Stückchen« unterteilt, mit denen man die großen Ziele erreichen will. Einige dieser »Stückchen« sind dann Projekte. Und die führen die Ministerien oder die Kommission nicht selbst aus – die Ausführung überlassen sie den Experten vor Ort – zum Beispiel Ihnen.

Mit anderen Worten: *Mit Ihrem Projekt tragen Sie zur Erreichung eines allgemeinen oder politischen Ziels bei.* Und genau dafür bekommen Sie Geld.

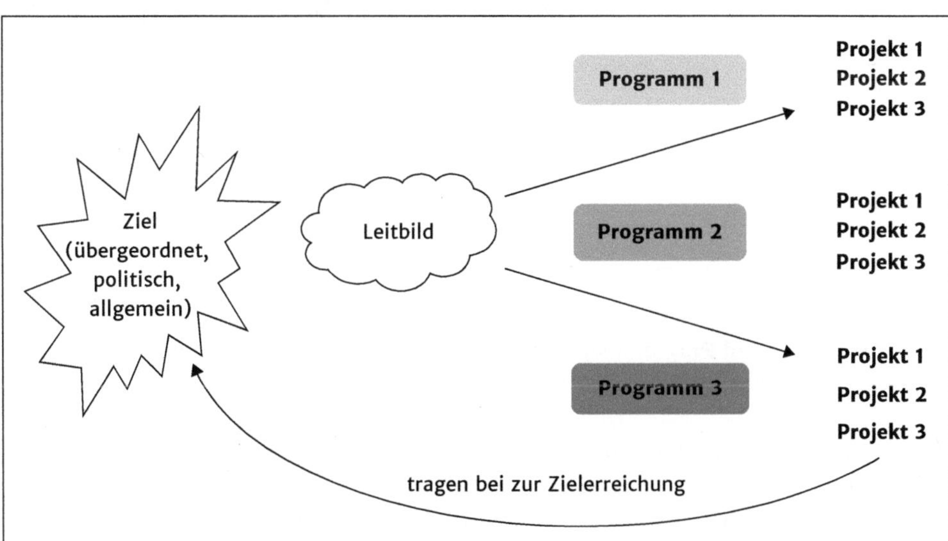

Abb. 3 *Umsetzung politischer Ziele durch Projekte*

BEISPIEL

Hightech- und Innovationsstrategie

Leitbild: Ein schönes Beispiel ist die Hightech-und-Innovationsstrategie der Bundesregierung (http://www.hightech-strategie.de). Zunächst hat die Regierung ein allgemeines Leitbild davon entworfen, wie Deutschland in Zukunft aussehen soll. Da findet sich unter anderem der Satz: »Wir wollen eine wettbewerbsfähige und beschäftigungsstarke Wirtschaft, die mit zukunftsfähigen Produkten und Dienstleistungen mit den innovativsten Wettbewerbern weltweit erfolgreich konkurriert. Dazu wollen wir eine neue Gründungsdynamik entfalten und die hierfür notwendigen Rahmenbedingungen verbessern.«

Strategien und Programme: Auf der Grundlage dieses Leitbilds hat die Regierung fünf Strategien erarbeitet, mit denen sie ihr Leitbild verwirklichen will.

Eine Strategie ist ein Maßnahmenbündel, mit dem man seine Ziele langfristig erreichen will. Jede Strategie wird mittels mehrerer mehrjähriger Programme umgesetzt. So besteht die Strategie »Innovationsdynamik in der Wirtschaft« aus folgenden Programmpaketen:

- Potenziale der Schlüsseltechnologien für die Wirtschaft nutzen
- Innovativen Mittelstand stärken
- Zahl der innovativen Start-ups erhöhen
- Innovationspotenziale strukturschwacher Regionen verbessern.

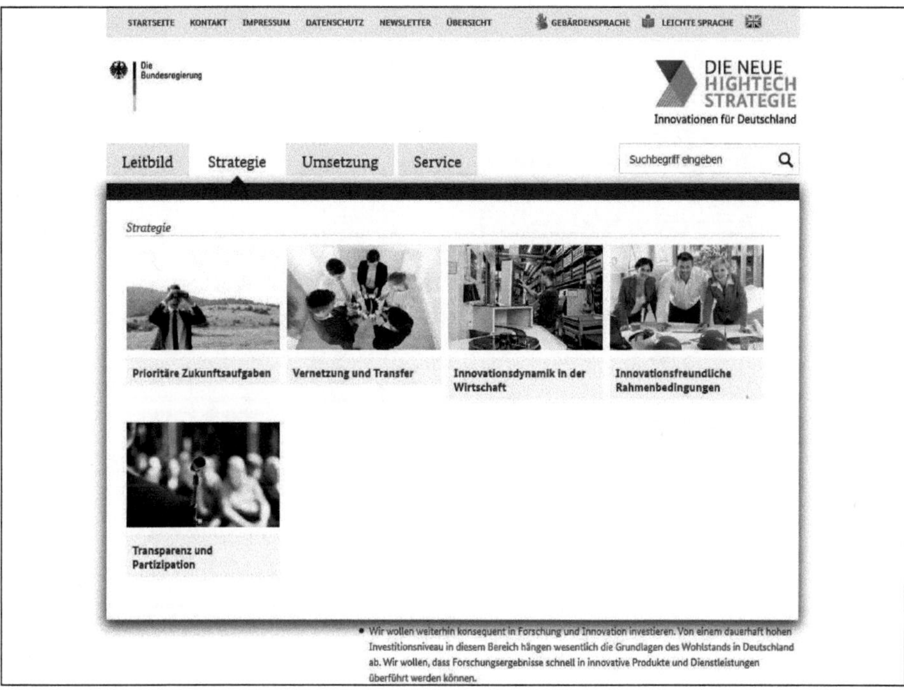

Programmpakete: In jedem dieser Programmpakete sind mehrere Pakete zusammengeschnürt. Im Paket »Innovativen Mittelstand stärken« sind dies:

- Potenziale der Schlüsseltechnologien für die Wirtschaft nutzen
- Innovativen Mittelstand stärken
- Zentrales Innovationsprogramm Mittelstand (ZIM)
- Industrielle Gemeinschaftsforschung (IGF)
- KMU-innovativ
- Mittelstand-Digital
- Initiative »go-Inno«
- Zahl der innovativen Start-ups erhöhen
- Innovationspotenziale strukturschwacher Regionen verbessern

Projekte als Programmteile: Und jedes dieser Programme wird schließlich in verschiedene Projekte unterteilt, die man als Antragsteller umsetzen kann und für deren Umsetzung man bezahlt wird.

- Innovativen Mittelstand stärken
  - Zentrales Innovationsprogramm Mittelstand (ZIM)
    - Projekte 1, 2, 3 ...
  - Industrielle Gemeinschaftsforschung (IGF)
    - Projekte 1, 2, 3 ...

STARTSEITE KONTAKT IMPRESSUM DATENSCHUTZ NEWSLETTER ÜBERSICHT GEBÄRDENSPRACHE LEICHTE SPRACHE

Die Bundesregierung

DIE NEUE HIGHTECH STRATEGIE
Innovationen für Deutschland

Leitbild Strategie Umsetzung Service

Suchbegriff eingeben

» Strategie » Innovationsdynamik in der Wirtschaft

Strategie

- Prioritäre Zukunftsaufgaben
- Vernetzung und Transfer
- Innovationsdynamik in der Wirtschaft
- Innovationsfreundliche Rahmenbedingungen
- Transparenz und Partizipation

Innovativen Mittelstand stärken

Die Bundesregierung unterstützt kleine und mittlere Unternehmen (KMU) mit einem abgestimmten und effektiven System der Innovationsförderung. Wichtige Elemente der Mittelstandsförderung sind die technologieoffenen Programme und erleichterte Zugangsvoraussetzungen in den technologiespezifischen Fachprogrammen. Dieses etablierte System der Innovationsförderung für KMU gilt es weiter zu optimieren. Ansatzpunkte hierfür sind eine stärkere Verzahnung mit europäischen Förderprogrammen zur Nutzung von Synergien, die Kohärenz bestehender Programme und die Vereinheitlichung der Außendarstellung, um transparent über das Förderangebot zu informieren. Es ist ein vorrangiges Ziel der Bundesregierung, die Rahmenbedingungen dafür zu schaffen, dass der Kreis innovativer KMU stetig wächst.

Das **„Zentrale Innovationsprogramm Mittelstand" (ZIM)** fördert technologieoffene Forschungs- und Innovationsvorhaben, meist in Kooperation mit Forschungseinrichtungen. Das Programm ist mit seinen einfachen und schnellen Verfahren speziell auf den Bedarf des Mittelstandes ausgerichtet. Vorgesehen ist eine weitere Optimierung und Vereinfachung der Antrags- und Genehmigungsverfahren. Außerdem wird die internationale Zusammenarbeit forciert, indem zusätzliche Vereinbarungen mit anderen Staaten zur gemeinsamen Förderung von Forschungs- und Entwicklungsprojekten in KMU geschlossen werden.

Die Lücke zwischen Grundlagenforschung und industrieller Entwicklung zu schließen, ist Aufgabe der vorwettbewerblich ausgelegten **„Industriellen Gemeinschaftsforschung" (IGF)**, an der eine Vielzahl von Unternehmen – meist KMU – partizipiert. Dadurch können KMU, die keine eigene Forschungsabteilung haben, im Kontakt mit Forschungseinrichtungen und größeren Unternehmen Innovationen entwickeln. Zukünftig werden noch mehr netzwerkbildende und internationale Vorhaben finanziert. Die Bundesregierung wird prüfen, ob und inwieweit die industriellen Forschungsvereinigungen zukünftig antragsberechtigt bei der themenorientierten Projektförderung sein können.

Die Förderinitiative **„KMU-innovativ"** wendet sich an besonders forschungsstarke KMU und erleichtert

- KMU-innovativ
  - Projekte 1, 2, 3 ...
- Mittelstand-Digital
  - Projekte 1, 2, 3 ...
- Initiative »go-Inno«
  - Projekte 1, 2, 3 ...

BEISPIEL

Europäische Union

Der Rat der Europäischen Union, also Vertreter aller Mitgliedsstaaten, hat sich auf strategische Richtlinien zur Integration von Drittstaatsangehörigen, das heißt Personen, die keine Angehörige eines EU-Staates sind, geeinigt. Diese gelten sieben Jahre lang. Gleichzeitig mit der allgemeinen Strategie hat er ein Budget für die sieben Jahre verabschiedet (Europäisches Parlament, Rat der EU 2014).
Für jedes der sieben Jahre gibt es ein Arbeitsprogramm (Annual Work Programme). Darin wird öffentlich bekannt gegeben, welche Priorität die EU in diesem Jahr setzt. Aus dem Arbeitsprogramm ergeben sich die Ausschreibungen für Projekte (Europäische Kommission 2015a).
Dem Arbeitsprogramm können Sie entnehmen, welche Projekte in diesem Jahr ausgeschrieben werden. Dies ist für Sie ein wertvolles Dokument, denn es gibt Ihnen Zeit, sich vorzubereiten.

TIPP

Achten Sie auf die Veröffentlichungen der Arbeitsprogramme der Europäischen Kommission für Ihren Bereich. Diese erscheinen üblicherweise zu Beginn des Jahres. Informationen dazu finden Sie auf den Internetseiten der einzelnen Abteilungen (Generaldirektionen). Oft sind diese jedoch nur auf Englisch verfügbar.

Zusammenfassend bedeutet dies: Wenn das Problem, das Sie erkannt haben, mit den Zielen übereinstimmt, die der potenzielle Geldgeber erreichen möchte, haben Sie eine gute Chance auf Förderung. Das heißt, substantiell passen Ihr Vorhaben und die Ziele des Geldgebers zusammen. Jetzt müssen Sie dies »nur noch« in die passende Form bringen.

4 Den Antrag schreiben

Von nun an werden wir Schritt für Schritt die einzelnen Erfordernisse eines Förderantrags abarbeiten. Natürlich sieht nicht jeder Antrag gleich aus; doch die Punkte, auf die ich in den folgenden Kapiteln eingehe, werden in vergleichbarer Form meistens abgefragt.

4.1 Das Projekt ganzheitlich betrachten – der Logical Framework Approach

Projektplanung: Der Logical Framework Approach ist eine Methode zur Projektplanung, die sehr weit verbreitet ist. Die Planung eines Projekts mithilfe des Logical-Framework-Ansatzes, der auch Logframe abgekürzt wird, kann man mit dem Bau eines Hauses vergleichen. Anstatt wild darauf loszubauen, um am Ende festzustellen, dass das Haus 1. ein schiefes Fundament hat, 2. die Balkone auf die falsche Seite zeigen, 3. der Abstand zum Nachbarn zu klein ist und 4. vergessen wurde, die Treppe einzuplanen, geht man planvoll vor.

Das heißt, man überlegt sich, welche Bedürfnisse die verschiedenen Hausbewohner haben, versucht dabei, möglichst langfristig zu denken, schaut also voraus, was passiert, wenn Kinder kommen oder die Oma pflegebedürftig wird. Wenn man alle Bedürfnisse kennt, beginnt man das Haus zu planen. Erst die groben Schritte, dann die Kleinigkeiten, von der Steckdose bis zur Zimmerfarbe. Schließlich berechnet man die voraussichtlichen Kosten, holt die Genehmigungen ein – und dann kann es losgehen. Natürlich braucht man jemanden, der sich mit Häuserbau auskennt und der dann die Baufortschritte überwacht. Jemanden, der sicherstellt, dass der Maler erst anfängt zu streichen, wenn die Elektrokabel verlegt sind, der überprüft, ob die Rechnungen nicht überteuert sind und der Zeitplan eingehalten wird.

Logframe-Methode: Dieses sehr rationellen Ansatzes bedient sich auch die Logframe-Methode. Genau wie beim Hausbau betrachtet man bei dieser Planungsmethode zunächst das gewünschte Ergebnis. So wie man das Traumhaus zeichnet, so zeichnet man – entweder real mit Buntstiften oder vor dem geistigen Auge – das Projekt, wie es am Ende laufen soll, bzw. welche Ergebnisse es am Ende erbringen soll.

Je genauer man sich das gewünschte Ergebnis vorstellt, desto leichter fällt einem die Planung der einzelnen Schritte. Und wie beim »Projekt Hausbau« überlegt man bei jedem anderen Projekt, welche Zwecke es erfüllen, wessen Bedarf es bedienen soll, welche Schritte zu unternehmen sind, was es dazu an Mensch und Material benötigt, was das Ganze kosten darf und bis wann bei dem Projekt erste Ergebnisse erreicht werden sollen.

Wir folgen nun dieser Logframe-Methode und werden Schritt für Schritt und in aller Ausführlichkeit die einzelnen Etappen zur Planung und Beschreibung Ihres Projekts durchgehen.

4.2 Benennen Sie das Problem und zerlegen Sie es in seine Einzelteile – die Analyse

Sie sollten ein Projekt nicht entwickeln, um damit Geld zu verdienen (auch wenn es Ihnen tatsächlich darum geht). Sie sollten ein Projekt entwickeln, um ein Problem zu lösen. Das Problem erkennen Sie, weil Sie in dem Bereich arbeiten und Fachkenntnis (Expertise) haben. Jetzt müssen Sie das Problem noch in seine Einzelteile zerlegen (analysieren) und folgende Fragen herausarbeiten:

- Worin besteht das Problem überhaupt?
- Wer leidet darunter bzw. ist davon betroffen?
- Wie ist das Problem zustande gekommen? Welche Faktoren spielen dabei eine Rolle?
- Was passiert, wenn nichts unternommen wird?

Einige Arbeitshilfen finden Sie auch im Abschnitt »Von der Idee zum Projekt« (S. 15).

4.3 Der Unterschied zwischen Ergebnissen, Zielen und Wirkungen

Lösungsvorschlag – Ziele des Projekts: Überlegen Sie nun im nächsten Schritt, was getan werden müsste, um dieses Problem zu lösen. Der Lösungsvorschlag, den Sie erarbeiten, ist Ihr Projekt, Ihr Vorhaben. Die zentrale Frage lautet deshalb:

Wie kann Ihr Projekt dazu beitragen, das Problem zu lösen? Die Lösungen, die Sie erarbeiten wollen, sind die Ziele des Projekts.

BEISPIEL

Schulprojekt

Sie haben beobachtet, dass die Sprachkompetenz von Schülern schlechter ist als vor zehn Jahren. Dies zeigt sich schon bei Grundschulkindern. Es fällt den Kindern schwer, ihre Gedanken in Worte zu fassen. Sie haben zudem einen geringeren Wortschatz und machen viele Grammatikfehler. Wenn sie frei vor anderen sprechen sollen, sind sie extrem unsicher und können sich nicht gut ausdrücken.

Was also ist Ihr Ziel? Benennen Sie es kurz und knapp!

Gehen wir zu unserem Hausbau-Beispiel zurück: Welchem Zweck dient Ihr Vorhaben? Wollen Sie selbst in dem Haus wohnen? Ist es ein Bürogebäude? Oder eine Turnhalle, in der Sport getrieben wird? Und damit verknüpft sich das Ziel: Wollen Sie dort einen Zustand der Ruhe und Geborgenheit finden? Wollen Sie dort die Fitness der Menschen steigern? Oder wollen Sie Arbeitsplätze schaffen? Was wollen Sie mit Ihrem Projekt erreichen?

In unserem Schulprojekt ist das Ziel, die Sprachfähigkeit von Schülern zu verbessern. Aber es wäre ja zu schön, wenn die Lösung so einfach wäre. Diese Angabe reicht leider nicht aus. Das übergeordnete Ziel muss schon etwas ausführlicher beschrieben und anschließend unterteilt werden.

Zielunterscheidung und -hierarchie: Je nachdem wann ein Ziel erreicht werden soll, unterscheidet man zwischen kurzfristigen (Output), mittelfristigen (Outcome) und langfristigen (Impact) Zielen. Sie stehen in einer Hierarchie. Sie bauen aufeinander auf. Sie sollten bei Ihrer Analyse also deutlich machen:

1. **Welche kurzfristigen Ergebnisse (Output)** wollen Sie erzielen? Anders formuliert: Was soll am Ende der Projektlaufzeit herauskommen? Hierbei geht es um sichtbare, konkrete Ergebnisse, sozusagen etwas »zum Anfassen«, z. B. eine Software, ein Forschungsergebnis, eine Unterrichtseinheit, ein Bauwerk.
2. **Welche mittelfristigen Ziele (Outcome)** verfolgen Sie? Damit ist der Nutzen gemeint, den die Zielgruppe von Ihrem Projekt hat, z. B. mehr Planungssicherheit bei Demonstrationen, mehr Wissen über die Entstehung von Lungenkrebs, Schüler mit einer verbesserten Sprachfähigkeit.

3. **Welche langfristigen Wirkungen (Impact)** wollen Sie erreichen? Hier wird oft die allgemeine, gesellschaftliche Ebene angesprochen. Der Impact hat einen langen Zeithorizont, mindestens zehn Jahre. Hier benennen Sie, wie Ihr Projekt zu mehr gesellschaftlicher Stabilität, zu mehr Chancengleichheit in der Bildung, zu einer gesünderen Gesellschaft beitragen könnte.

Das Erreichen der untersten Ebene Ihrer Ziele bedingt jeweils den Erfolg der nächsthöheren Ebene.

BEISPIEL

Schulprojekt (Fortsetzung)

Mit den erarbeiteten Ergebnissen können Sie Ihr kurzfristiges Ziel erreichen: Die Schüler lernen, sich besser auszudrücken. Einmal erreicht, tragen Sie damit zum mittelfristigen Ziel bei: Die Schüler werden selbstbewusster, bringen sich in Entscheidungsprozesse ein. Diese Kompetenz entfaltet dann idealerweise eine langfristige Wirkung: Die Schüler werden sich auch als Erwachsene in Entscheidungsprozesse einbringen.

Politik	**übergeordnetes/ strategisches Ziel** *longterm/overall/ strategic goal*	**ENDGÜLTIG BEGÜNSTIGTE** FINAL BENEFICIARIES	**Langfristige gesellschaftliche Wirkung** impact/long-term effect
Programm	**mittelfristiges Ziel** medium-term specific objectif	**Maßnahme** action	**Mittelfristige Wirkung** outcome/medium-term effect
		ZIELGRUPPE TARGET GROUP	
Projekt	**kurzfristiges Ziel** short-term specific objectif	**Input** (finanzielle, menschliche oder materielle Ressourcen)	**Ergebnisse (Produkte oder Leistungen)** output/immediate results

Abb. 4 *Ziel-Wirkungs-Zyklus*

BEISPIELE

Schulprojekt

Output: Am Ende Ihrer Projektlaufzeit haben Sie als *kurzfristiges Ziel* eine Medienwerkstatt geschaffen. Diese Werkstatt umfasst vor allem Unterrichtsmaterial wie z. B. ein Buch mit Anleitungen für den Lehrer, Schreibmaterial für die Schüler sowie eine Videokamera und einen Beamer. Außerdem haben mindestens 50 Schüler an einem Kurs in der Medienwerkstatt teilgenommen und dadurch gelernt, vor Publikum zu sprechen.

Outcome: Das *mittelfristige Ziel* ist, dass die Schüler nach weiterer Erprobung des öffentlichen Sprechens selbstsicherer werden und sich trauen, sich einzubringen, z. B. als Klassensprecher zu kandidieren oder eine Schülergruppe zu gründen.

Impact: Das *langfristige, übergeordnete Ziel* wäre es, die Beteiligung junger Menschen an der Politik zu fördern, um so die demokratische Gesellschaft zu stabilisieren.

Forschungsprojekt

Output: Am Ende der Forschungslaufzeit haben Sie eine Software entwickelt, getestet und nach ihrer Überarbeitung fertigprogrammiert. In Ihrem Testfall ist es Ihnen gelungen, den Gewaltausbruch auf einer Demo hinreichend zuverlässig vorherzusagen.

Outcome: Ihr mittelfristiges Ziel ist es, die Zahl und Intensität von Gewaltausschreitungen bei Demonstrationen in der EU generell zu reduzieren.

Impact: Ihr langfristiges Ziel ist es, die freiheitlich-demokratische Grundordnung der EU-Mitgliedstaaten zu stärken.

4.4 Benennen Sie Ihre Zielgruppe und die Stakeholder

Stakeholder sind alle Institutionen oder Personengruppen, die von einem Projekt betroffen sind, sei dies direkt oder indirekt.

Final Beneficiaries: Für Sie besonders relevant ist ein Teil der Stakeholder, nämlich Ihre Zielgruppe. Zur Zielgruppe gehören diejenigen, die direkt von Ihrem Projekt profitieren. Je nach Projekt gibt es noch langfristige Nutznießer (Final Beneficiaries).

Die Stakeholder sind für viele Antragsteller oft schwer zu greifen. Deshalb will ich diese an einem zusätzlichen Beispiel illustrieren.

BEISPIEL

Rennstall

Stellen Sie sich vor, Sie besitzen ein Rennpferd und suchen einen Investor. Ihr Geld verdienen Sie beim Pferderennen. Die wichtigsten Stakeholder hier sind also – natürlich – das Pferd und Sie als Besitzer. Aber für (kommerziell) erfolgreiche Pferderennen braucht es schon ein paar mehr Stakeholder.

Zunächst einmal brauchen Sie einen Jockey, der das Pferd reitet.

Sie brauchen einen Hufschmied, und einen Tierarzt und eventuell noch mehr Personal für Ihr Tier.

Sie brauchen jemanden, der das Pferd täglich versorgt.

Sie denken, damit ist es getan? Weit gefehlt! Sie brauchen Öffentlichkeit. Wenn niemand zu den Rennen kommt, zahlt keiner Eintrittsgelder. Dann ist es auch für Sponsoren weniger interessant, Preise zu stiften.

Bitte bedenken Sie auch die Risiken. Nicht immer läuft alles glatt. Sie brauchen auch Helfer für Unvorhergesehenes, für Notfälle.

Diese Aufzählung ist bei Weitem nicht vollständig. Es fehlen die Rennbahnbetreiber, die Reitclubs und viele weitere mehr. Fazit: Alle, die von den Pferderennen betroffen sind, gehören zu den Stakeholdern.

BEISPIEL

Das ist in unserem Projektbeispiel nicht so genau abgrenzbar. Hier sind die Schüler auch die langfristigen Nutznießer. Im Forschungsprojekt lässt sich dies leichter zeigen. Die direkte Zielgruppe sind hier die Polizeidienststellen und Städte oder Stadtbezirke. Die langfristigen Nutznießer hingegen sind die örtliche Bevölkerung oder die Gesellschaft allgemein.

Schulprojekt
Zu den Personen oder Institutionen, die von Ihrem Projekt betroffen sind, zählen zunächst einmal die Schüler der Grundschule, denn sie sind die direkte Zielgruppe. Dann brauchen Sie:

- die Lehrer, die mit den Schülern arbeiten,
- die Schulverwaltung, die das Vorhaben genehmigt und die Rahmenbedingungen stellen muss,
- den Elternbeirat, der das Vorhaben ebenfalls absegnen muss; die Zustimmung der Eltern ist auch wichtig, um anschließend die Schüler zum Mitmachen zu bewegen,
- die Techniker, die das Ganze umsetzen können.

Forschungsprojekt
Die direkte Zielgruppe sind die Anwender der Software, die Polizeidienststellen.

Zu den Personen oder Institutionen, die darüber hinaus von Ihrem Projekt betroffen sind, gehören:

- die Forscher der Technischen Universität, die die Software entwickeln,
- Polizeivertreter, die für die Begleitung von Demonstrationen zuständig sind,
- Soziologen oder Politologen, die zu Gewaltausschreitungen und Protest forschen,
- Vertreter der Stadtverwaltungen, an denen das Projekt getestet werden soll.

Indirekt betroffen sind ferner die Bewohner der Städte oder Gebiete, in denen Gewaltausschreitungen stattfinden.

4.5 Das Projekt muss zum Geldgeber passen

Bis zu diesem Punkt sind Ihrer Kreativität keine Grenzen gesetzt. Aber ab jetzt müssen Sie sich innerhalb der Leitplanken bewegen, die Ihnen Ihr gewünschter Geldgeber vorgibt. Institutionen, seien dies Behörden, Stiftungen oder auch Unternehmen, haben ihre eigenen Ziele.

Projekte als Dienstleistung: Häufig engagieren Geldgeber andere (vielleicht Sie?), um sie bei der Erreichung ihrer Ziele zu unterstützen. Das heißt, eine Stiftung oder eine Behörde wird Ihnen kein Geld geben, damit Sie endlich machen können, wovon Sie schon lange träumen. Das wäre toll. Nein, die fördern Sie dann, und nur dann, wenn Ihr Projektvorschlag dazu beitragen kann, die Probleme, die die Geldgeber ins Visier genommen haben, zu lösen oder zu verringern. Innerhalb dieser Leitplanken müssen Sie sich fortan bewegen. Versuchen Sie bitte nicht, einen langgehegten Traum oder ein ähnliches, schon einmal abgelehntes Projekt irgendwie hier noch reinzuquetschen. Es bringt nichts. Man merkt es gleich.

ZUSATZWISSEN

Tina: Ja, das verstehe ich. Aber ich habe eine wirklich großartige Idee, für ein echt dringendes Problem. Das müssen wir unbedingt angehen!

Mechthild: Und passt denn diese Idee auch genau in das Förderschema der Stiftung, die Sie sich ausgesucht haben?

Also, es gibt da einen Absatz in den Fördermaßnahmen, da könnte man es gut und gerne runterpacken. Ja, das würde irgendwie passen.

Tina, wenn Sie schon so argumentieren, können Sie es gleich sein lassen. Seien Sie doch mal ehrlich: Wenn Sie eine hochwertige Waschmaschine kaufen wollen, dann möchtest Sie doch auch nicht, dass man Ihnen eine ganz tolle Geschirrspülmaschine verkauft, oder?

BEISPIEL

Ausschreibung

»Das Bundesministerium für Familie, Senioren, Frauen und Jugend (BMFSFJ) unterstützt die Tätigkeit der Kinder- und Jugendhilfe im Rahmen des Kinder- und Jugendplans (KJP). Gefördert werden u. a. zentrale Maßnahmen nichtstaatlicher Organisationen, die für das Bundesgebiet als Ganzes von Bedeutung sind und nicht durch ein Land allein wirksam gefördert werden können (...). Dabei werden zahlreiche Maßnahmen zur Förderung von Jugendlichen unterstützt. Besonders berücksichtigt werden junge Menschen mit Behinderung oder mit Migrationshintergrund.« (BMFSFJ)

Auf diese Ausschreibung sollten Sie sich nur bewerben, wenn Ihr Vorhaben genau zu den Anforderungen passt.

Nehmen wir an, Sie haben festgestellt, dass es eine gesellschaftliche Gruppe gibt – ältere Menschen mit Behinderung und Migrationshintergrund –, die am gesellschaftlichen Leben nicht gut teilhaben können. Kein Wunder, dass Sie sich damit auskennen, Sie arbeiten ja in der Altenhilfe. Sie denken, das würde auch ganz gut passen? Sie beschreiben das Problem exakt und belegen es mit Zahlen und aktuellen Studien. Aber Ihr Vorhaben wird abgelehnt. Warum? Hier wird eindeutig ein Programm der Kinder- und Jugendhilfe angeführt. Deshalb werden aus diesem Fördertopf ausschließlich Maßnahmen gefördert, die Kindern und Jugendlichen zugutekommen. Das finden Sie ungerecht, weil doch auch viele Senioren Probleme haben? Sicher, das spricht Ihnen keiner ab. Aber dafür suchen Sie bitte Förderprogramme mit der Zielgruppe »Senioren«.

4.6 Grenzen Sie das Projekt ein

Im nächsten Schritt beschreiben Sie genau, was zu Ihrem Projekt gehört und was nicht. Bezogen auf das Beispiel Hausbau würde das bedeuten, dass Sie beschreiben, welcher Haustyp gebaut wird, welche Maße das Gebäude hat, wo es steht usw. Sie grenzen Ihr Projekt oder Ihren Untersuchungsgegenstand also ein: Inhaltlich, räumlich, zeitlich, personell usw. - je nachdem was zutrifft.

BEISPIELE

Schulprojekt

Sie wollen die Medienwerkstatt an nur einer Grundschule einrichten, und zwar im Elbe-Elster-Kreis. Das ganze Projekt soll zwei Jahre dauern. Die Werkstatt richtet sich an deutschsprachige Kinder.

Forschungsprojekt
Die Software soll nur schwere Gewaltausschreitungen voraussagen, kleinere Auseinandersetzungen werden nicht berücksichtigt. Außerdem richtet sie sich nur an genehmigte Demonstrationen, nicht an spontane Zusammenkünfte. Sie wird für Demonstrationen im westlichen Kulturkreis, speziell in der EU, konzipiert. Das Projekt soll drei Jahre dauern.

4.7 Erläutern Sie, wie Sie das Problem lösen wollen – die Methode

Jetzt kommen wir zum schwierigsten Teil des ganzen Antrags. Aus diesem Grund ist dieser Abschnitt auch besonders ausführlich dargestellt und mit vielen Beispielen belegt. Sie müssen nachvollziehbar beschreiben, mit welcher Methode Sie zur Lösung des Problems vorgehen wollen. Bleiben wir beim Beispiel Haus: Wie wollen Sie das Haus bauen? Stein auf Stein? Ein Fertigbauhaus? Einen Plattenbau?

Bei der Methode geht es darum, einen nachvollziehbaren Weg zu beschreiben.

Hier gleich einige Beispiele für spezifische Fragen nach der Methodik eines Projektes.

BEISPIEL

Schulprojekt
- Was machen Sie mit den Schülern, damit diese sich trauen, vor einem Publikum zu sprechen?
- Was unternehmen Sie, um ihren Wortschatz zu erweitern?
- Wie bringen Sie ihnen Redetechniken bei?

Aus der vorhandenen pädagogischen und psychologischen Forschung extrahieren wir Ursachen für eine verminderte Sprachfähigkeit von Schülern. In einem Entwicklerteam bestehend aus Pädagogen, Psychologen und Rhetoriktrainern entwickeln wir während eines offenen Workshops Übungen, die diese Ursachen zum Gegenstand haben.

Forschungsprojekt
- Wie erheben Sie die Daten zu Gewaltausschreitungen?
- Wie verarbeiten Sie diese Daten?
- Wie programmieren Sie die Software?
- Wie integrieren Sie diese Daten in die Software?

Um den genauen Bedarf für diese Software zu ermitteln, planen wir, leitfadengestützte Interviews in Fokusgruppen zu führen. Interviewt werden Einsatzleiter von Polizeidienststellen sowie Ordnungsamtsleiter. Zentrale Fragen der Interviews betreffen die Charakterisierung der verschiedenen Gewaltausschreitungen

(Wer? Wann? Unter welchen Umständen? Wie stark?), die Schwierigkeiten im Umgang mit gewaltbereiten Gruppen und Einzeltätern sowie bisherige Vorbereitungsarbeiten für Demonstrationen.

Lösungswege aufzeigen und erklären

Die Beschreibung der Methode in Projekten bedeutet: Erklären Sie, wie Sie die Lösung des Problems erarbeiten. Aber Achtung! Die Frage zielt nicht auf die einzelnen Arbeitsschritte. Im Falle des Hausbaus würde die falsche Antwort hierzu so lauten: Erst hebe ich Erde für den Keller aus, dann kommt der Betonunterbau rein, danach wird das Erdgeschoss gebaut, schließlich die oberen Stockwerke.

Die überwältigende Mehrheit aller Projektbeschreibungen, die ich gelesen habe, listen unter der Methode die Arbeitsschritte auf. Aber wie gesagt: Das ist hier nicht gefragt!

TIPP

Woran merken Sie, dass Sie gerade fälschlicherweise die Arbeitsschritte beschreiben und nicht die Methode?
Wenn Sie die Punkte, die Sie gerade beschrieben haben, ohne Probleme in eine Aufzählung bringen können nach dem Muster: Erst mache ich dieses, dann jenes und dann folgendes – dann ist dies ein starkes Indiz für die Beschreibung (bzw. die Aufzählung) der Arbeitsschritte. Nehmen Sie in diesem Fall die einzelnen Arbeitsschritte und erklären Sie für jeden, *wie* Sie ihn bewältigen. Damit haben Sie die Methode beschrieben!

4.8 Zeigen Sie, woran man den Erfolg erkennt – die Indikatoren

Woran erkennt Ihr Geldgeber, dass Sie mit Ihrem Projekt Ihr Ziel erreicht haben?

Um die Entscheidung über den Erfolg Ihres Projekts weder der Willkür Einzelner noch dem Zufall zu überlassen, sollten Sie eindeutige Nachweise, sogenannte Indikatoren, festlegen, an denen man den Erfolg des Projekts ablesen kann.

ZUSATZWISSEN

Tina: Das geht jetzt ganz schön weit. Wieso soll ich mir jetzt schon Gedanken darüber machen, woran man den Erfolg meines Projekts erkennt? Darüber mache ich mir Gedanken, wenn ich den Zuschlag bekommen habe und das Projekt läuft.

Mechthild: Ich fürchte, das ist zu kurz gegriffen. Erstens verlangen die meisten Geldgeber, dass man bereits im Antrag formuliert, woran der eventuelle Erfolg des Projekts gemessen werden kann. Davon kann am Ende abhängen, ob man die vollständige Fördersumme ausbezahlt bekommt. Und das führt mich auch gleich zum zweiten Punkt: Es ist in Ihrem Interesse, wenn Sie die Erfolgsfaktoren von Beginn an festlegen – dann gibt es am Ende keinen Streit über deren Auslegung.

Nachweis für Zielerreichung: Heute reicht es nicht mehr aus, dass eine Autorität eine Behauptung aufstellt und diese dann unhinterfragt gilt. Man muss immer alles belegen können. Insbesondere Geldgeber verlassen sich ungern auf die eifrigen Bestätigungen der von ihnen Geförderten, ihr Geld sei gut angelegt. Geldgeber möchten den Erfolg ihrer Investition eindeutig messen können – wie mit einem Thermometer. Hierbei ist es völlig egal, ob es sich um ein gemeinnütziges Projekt handelt, das von einer Stiftung gefördert werden soll, oder um ein großes EU-Forschungsprojekt. Alle Geldgeber wollen die Zielerreichung selbst überprüfen können.

Führen Sie sich wieder das Beispiel des Hausbaus vor Augen: Der Bau eines Hauses ist mit Bedacht in mehrere Bauabschnitte unterteilt. Nach jedem Bauabschnitt muss der Bauherr, also Sie, die Arbeiten abnehmen. Sie wollen schließlich sichergehen, dass das Haus solide gebaut wird, dass die hochwertigen Materialien verwendet werden, die Sie bezahlen, und dass alles fristgerecht erledigt wird. Genau dasselbe wollen auch Ihre Geldgeber. Sie möchten sichergehen, dass ihr investiertes Geld in ihrem Sinne verwendet wird. Und das möchten sie am liebsten selbst messen können, weil das am objektivsten ist.

ZUSATZWISSEN

In der Antike hat man die Frage nach dem Beweis durch Autoritäten beantworten lassen. Der Mathematiker Heron soll behauptet haben, Wasser lasse sich nicht nach oben pumpen. Als ein anderer diese Aussage anzweifelte und nach einem Beweis fragte, antwortete dieser: Ich sage es, also stimmt es. Damit war die Sache erledigt (Weigl 1990). Engelhard Weigl führt ein anderes Beispiel an. Lange Zeit behaupteten Wissenschaftler, Quellwasser sei im Winter kälter als im Sommer. Dieser Behauptung konnte erst widersprochen werden, als das Thermometer erfunden wurde, mit dem man einwandfrei die Temperatur messen konnte (Weigl 1990).

Nun ist aber außerhalb der Naturwissenschaften leider nichts so einfach messbar. Es gibt kein Messinstrument, auf dem man die Ausdrucksfähigkeit oder das Selbstbewusstsein eines Grundschulkindes ablesen kann. Anders sieht es da schon bei der Software zur Vorhersage von Gewaltausbrüchen aus. Aber widmen wir uns dem schwierigeren Fall, dem Schulbeispiel.

BEISPIEL

Schulprojekt

Ihr Ziel als Projektleiter ist es, dass die Kinder vor Publikum sprechen können und dass sie selbstbewusster werden. Aber woran erkennen Sie diese Fortschritte? Setzen Sie zwei »Experten« vor solch ein Kind und Sie bekommen drei Meinungen. Sie brauchen also Kriterien, an die sich alle halten, die als Messlatte dienen können. Sie müssen sich Merkmale überlegen, an denen Sie ablesen können, ob das Kind jetzt über eine bessere Ausdrucksfähigkeit verfügt, und an denen Sie erkennen, dass es jetzt selbstbewusster ist. Nur dann sind die Bewertungen der einzelnen Experten nachvollziehbar.

Ein anderes Beispiel: Aus dem Chemieunterricht kennen Sie vielleicht noch den Indikator. Um den Säuregehalt des Regenwassers festzustellen, hält der Chemielehrer einen Papierschnipsel in das Wasser. Der Schnipsel verfärbt sich entweder rot – dann ist das Wasser sauer – oder er verfärbt sich blau – dann ist das Wasser basisch. Der Schnipsel ist ein Indikator, das sogenannte Lackmus-Papier (daher der Lackmus-Test). Und einen Indikator brauchen Sie auch für Ihr Projekt, sodass jeder unabhängig nachvollziehen kann, ob die Kinder sich nun sprachlich besser ausdrücken können und ob sie selbstbewusster geworden sind.

Wie bestimmen Sie Ihre Erfolgsindikatoren?

Faktoren bestimmen: Im ersten Schritt müssen Sie die zentralen Faktoren definieren. Das sind in einem Forschungsprojekt Ihre Forschungsvariablen. In einem operativen Projekt geht es darum, klar zu beschreiben, worin das Problem besteht, wodurch es beeinflusst wird und welche Folgen es hat.

Definition erarbeiten: Im zweiten Schritt sollten Sie für die wichtigsten Faktoren Ihres Vorhabens eine nachvollziehbare Definition formulieren: Was genau verstehen Sie unter Kinderarmut? Unter Unsicherheit in Städten? Versuchen Sie diese Faktoren möglichst als messbare Größen zu beschreiben, auch wenn das manchmal schwierig ist.

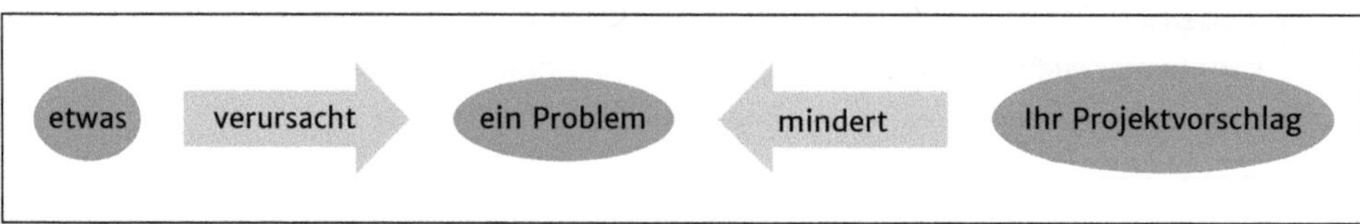

Abb. 5 *Von der Problemursache zum Projektvorschlag*

BEISPIEL

Schulprojekt

Im Beispiel unseres Schulprojekts sollten Sie nun beschreiben, was Sie unter »sprachlicher Ausdrucksfähigkeit« verstehen (Definition). Dieser Begriff ist sehr vieldeutig, jeder versteht darunter etwas anderes. Sie sollten möglichst eine Definition finden, die Sie aus der bestehenden Forschung herleiten können. Ziel ist es, für Ihren Geldgeber nachvollziehbar zu zeigen, was Sie unter dem jeweiligen Sachverhalt verstehen.

In unserem Beispiel könnte die Definition etwa so lauten: »Sprachliche Ausdrucksfähigkeit setzt sich zusammen aus Sprachrichtigkeit, Wortschatz und Satzbau.« (vgl. Bildungsserver Sachsen-Anhalt 2015)

Im zweiten Schritt müssen Sie die Messgrößen festlegen. Für das Schulprojekt bedeutet dies:

- Wann ist die sprachliche Ausdrucksfähigkeit »sehr gut«, wann ist sie »gut«, wann ist sie »mangelhaft« usw.?
- Wann trifft ein Sachverhalt vollständig zu, wann nur teilweise, wann gar nicht?
- An welchen Merkmalen kann ich das erkennen?

Operationalisierung: Man nennt dieses Verfahren auch Messbarmachung. Messbarmachung oder Operationalisierung heißt, dass man Dinge oder Prozesse, die manchmal auch nicht so leicht zu messen sind, wie etwa die Temperatur, Länge oder Größe, so messbar wie möglich macht. Warum? Um sie vergleichbar und für alle nachvollziehbar zu machen.

Naturwissenschaftlern fällt es meist leichter, Ergebnisse zu messen und damit auch nachzuprüfen. In den Sozialwissenschaften, also allen Disziplinen, die mit der Erforschung von Menschen und ihrem Verhalten zu tun haben, ist das schon schwieriger. Das betrifft auch praktische, operative Projekte, bei denen es überhaupt nicht um Forschung, sondern um Angebote für Migranten, für Kinder oder wen auch immer geht.

Mit der Operationalisierung sollen die Sozialwissenschaften oder die Teilhaber Ihres Projekts nicht willkürlich quantifiziert werden. Es geht vielmehr darum, Ergebnisse von Forschung oder Projekten, auch für andere nachvollziehbar – und damit nachprüfbar – darzustellen.

ZUSATZWISSEN

Tina: Warum ist die Nachprüfbarkeit der Ergebnisse so wichtig?

Mechthild: Hier kommen wir wieder zum Ausgangspunkt unserer Überlegungen zurück. Versetzen Sie sich in die Lage des Geldgebers. Er gibt Ihnen das Geld ja nicht, damit Sie sich ein schönes Leben machen.

Ich hatte auch nicht vor, mich mit dem Geld auf den Malediven zur Ruhe zu setzen!

... sondern er gibt Ihnen Geld, damit Sie ihm helfen, seine Ziele und Anliegen zu verfolgen. Natürlich möchte er selbst dann auch überprüfen können, dass Sie Ihre Arbeit – in seinem Sinne – gut und richtig erledigt haben, dass Sie sein Geld also sinnvoll ausgeben. Aus diesem Grund ist es wichtig, von Anfang an für Klarheit und Transparenz zu sorgen.

BEISPIEL

Schulprojekt

Um genau zu zeigen, worum es bei der Operationalisierung geht, habe ich hier eine ausführliche Übersicht des Bildungsservers aufgenommen (vgl. Bildungsserver Sachsen-Anhalt 2015). Hier finden Sie ein Beispiel für den Versuch, Sprachfähigkeit messbar zu machen. Wie oben bereits erwähnt, gibt es hierfür kein »Sprachtachometer«. Deshalb muss man für die Beschreibung der Sprachfähigkeit andere Kategorien finden, um sie nachvollziehbar zu machen.

	Wortschatz und Satzbau	**Sprachrichtigkeit**
1 Sehr gut	sehr reichhaltiger und differenzierter Wortschatz; treffsicherer und variabler Gebrauch; konsequente Einhaltung der Sprachebene sicherer Gebrauch idiomatischer Wendungen komplexer und variabler Satzbau; geschickter Gebrauch sprachtypischer Konstruktionen; differenziertes Repertoire an Satzverknüpfungen	nahezu normgerechte Verwendung von lexikalischen Einheiten und syntaktischen Strukturen, ohne jegliche Einschränkung der Verständlichkeit
2 Gut	reichhaltiger und differenzierter Wortschatz; meist treffsicherer und variabler Gebrauch; Einhaltung der Sprachebene Gebrauch idiomatischer Wendungen komplexer Satzbau und angemessener Gebrauch sprachtypischer Konstruktionen; überzeugendes Repertoire an Satzverknüpfungen	geringfügige Normverstöße, die die Verständlichkeit nicht beeinträchtigen
3 Befriedigend	umfangreicher und differenzierter Wortschatz; im Allgemeinen treffsicherer und variabler Gebrauch; Einhaltung der Sprachebene gelegentlicher Gebrauch idiomatischer Wendungen klarer Satzbau mit gelegentlichen komplexen Strukturen; Grundrepertoire an Satzverknüpfungen	Normverstöße, die die Verständlichkeit nicht wesentlich beeinträchtigen
4 Ausreichend	begrenzter Wortschatz; eingeschränkte Treffsicherheit und Variabilität beim Gebrauch; Einhaltung der Sprachebene nur ansatzweise fehlender bzw. fehlerhafter Einsatz idiomatischer Wendungen einfacher Satzbau; gelegentlich elementare Satzverknüpfungen; nicht immer eindeutige Bezüge	grobe Normverstöße, die die Verständlichkeit deutlich beeinträchtigen
5 Mangelhaft	deutlich begrenzter Wortschatz; unsichere und fehlerhafte Verwendung; keine Beachtung der Sprachebene kein Gebrauch idiomatischer Wendungen variantenarmer, fehlerhafter Satzbau; fehlende oder verwirrende Satzverknüpfungen	grobe und wiederholte Normverstöße, die die Verständlichkeit erheblich erschweren
6 Ungenügend	unzureichender Wortschatz, der nicht beherrscht wird sehr einfacher und fehlerhafter Satzbau; fehlende und fehlerhafte Satzverknüpfungen	grobe und andauernde Normverstöße, die eine Verständlichkeit nicht zulassen

Abb. 6 *Beispiel-Operationalisierung eines Begriffs*

Natürlich lassen auch diese Definitionen noch einen Interpretationsspielraum offen. Was ist ein »grober« Normverstoß im Vergleich zu einem »geringen Normverstoß«? Je nach Anforderung kann man solche Angaben dann noch präziser fassen.

TIPP

Allgemein gilt:
Je präziser eine Definition formuliert ist, desto weniger Interpretationsspielraum lässt sie zu. Je genauer und unmissverständlicher die Begriffe bestimmt sind, desto leichter fällt am Ende auch die Überprüfung der Ergebnisse.

Beispiel für Operationalisierung: Nachfolgend finden Sie ein weiteres gelungenes Beispiel für eine Operationalisierung. Es ist einem Ratgeber der Europäischen Kommission entnommen, den ich an dieser Stelle ausdrücklich als weiterführende Lektüre empfehlen möchte. Die Ziele werden hier sehr deutlich benannt und hierarchisiert. Sie bauen aufeinander auf. Jedem Ziel ist ein Indikator zugewiesen, an dem man das Erreichen oder Nichterreichen des Ziels erkennen kann. Die Indikatoren sind präzise und messbar. In der dritten Spalte ist aufgeführt, auf welche Weise und mit welchen Mitteln man die Zielerreichung überprüfen kann. Was in Spalte vier unter »Annahmen« aufgeführt ist, kann man auch gut als langfristige Wirkung oder Impact beschreiben.

Projektbeschreibung	Indikatoren	Mittel zur Überprüfung	Annahmen
Übergeordnetes Ziel Verbesserung der Familiengesundheit, (...) sowie der generellen Gesundheit des *riverine*-Ökosystems.	Die Fälle von durch Wasser übertragenen Krankheiten, Hautinfektionen und Blutkrankheiten, die durch Schwermetalle verursacht wurden, werden bis 2008 um 50% reduziert, insbesondere unter Familien mit geringem Einkommen, die entlang des Flusses leben.	Unterlagen von kommunalen Krankenhäusern, inkl. Krankenakten von Müttern und Kindern, werden von mobilen MCH-Teams gesammelt. Die Ergebnisse werden in einem jährlichen Umweltbericht von EPA zusammengefasst.	
Ziel Qualität des Flusswassers verbessern.	Die Schwermetallkonzentration (Pb, Cd, Hg) und unbehandelte Abwässer werden um 25% reduziert (im Vergleich zu 2003); Schwermetalle und Abwässer bleiben ab 2007 unterhalb der nationalen Gesundheits- und Verschmutzungsstandards.	Wöchentliche Untersuchungen der Wasserqualität, gemeinsam durchgeführt von der Umweltschutz- sowie der Flussbehörde; die Ergebnisse werden monatlich dem lokalen Regierungsminister für Umwelt (Vorsitzender der Projektsteuerungsgruppe) übermittelt.	Eine öffentliche Kampagne zur Bewusstseinsschaffung der Lokalregierung hat eine positive Wirkung auf die Gesundheit und Hygiene von Familien; Fischereikooperativen begrenzen effektiv die Ausbeutung der Fischaufzuchtgebiete durch ihre Mitglieder.

Ergebnis 1 Die Menge des Abwassers, das aus Haushalten und Fabriken direkt in das Flusssystem eingeleitet werden, ist reduziert.	70% des Abwassers, das von Fabriken produziert wird, und 80% des Abwassers, das in Haushalten produziert wird, werden ab 2006 in Kläranlagen behandelt.	Berichte von jährlichen Umfragen unter Haushalten und Fabriken, die von Gemeindeverwaltungen zwischen 2003 und 2006 durchgeführt worden waren.	Der Wasserdurchfluss hält sich bei über x Megalitern pro Sekunde für mind. 8 Monate pro Jahr; die Qualität des Oberwassers bleibt stabil.
Ergebnis 2 Standards zur Behandlung von Abwasser sind eingeführt und werden effektiv umgesetzt.	Das Abwasser von 4 existierenden Kläranlagen hält von 2005 an die EPA-Qualitätsstandards (Schwermetall und Abwasserkonzentration) ein.	Prüfung (Audit) durch EPA (unter Zuhilfenahme von überarbeiteten Standards und verbesserten Auditmethoden), vierteljährlich durchgeführt und der Projektsteuerungsgruppe übermittelt.	EPA reduziert erfolgreich feste Abwasserbestandteile aus Fabriken von X auf Y Tonnen pro Jahr.

***Abb. 7** Schlüsselelemente der Logframe-Matrix (Europäische Kommission 2004, S. 84)*

Vielleicht erleichtert es Sie zu hören, dass dies der mit Abstand kniffeligste Teil des ganzen Antrags ist – und zwar immer. Auch erfahrene Forscher und Antragsteller brüten und diskutieren hierüber intensiv. Wenn Sie Ihre Definitionen erarbeitet haben, ist das Schlimmste überstanden! Der Rest ist im Wesentlichen Fleißarbeit.

4.9 Legen Sie dar, mit wem Sie zusammenarbeiten – das Konsortium bzw. Team

Kriterien für die Partnersuche: Die allerwenigsten Projekte kann eine Institution oder ein Verein allein durchführen. Meist braucht man Partner. Wie in einer persönlichen Beziehung sollten Sie auch hier bei der Suche mit Bedacht vorgehen. Es gibt zwei grundlegende Kriterien zur »Partnerwahl«:

1. Ihr Projektpartner sollte über eine Expertise verfügen, die Sie für die Durchführung des Projekts benötigen, und die Sie selbst nicht oder nicht in ausreichendem Maße besitzen. Sie sollten sich also fachlich ergänzen. Und Ihr Partner muss seine Expertise belegen können. Also: Wie lange ist er schon »im Geschäft«? Welche anderen Projekte oder Arbeiten zu diesem oder einem ähnlichen Thema kann er vorweisen? Hat er dazu etwas veröffentlicht? Kann man sich auf seiner Webseite darüber informieren?
2. Können Sie gut miteinander? Bitte unterschätzen Sie nicht die persönliche Chemie – die muss stimmen. Sie werden im besten Fall in den nächsten Jahren zusammenarbeiten. Im Idealfall haben Sie einen Projektpartner, den Sie bereits kennen und mit dem Sie schon zusammengearbeitet haben. Den können Sie einschätzen. Aber oft müssen Sie sich Partner mit fachlicher Expertise (siehe Punkt 1) speziell für dieses Vorhaben suchen.

BEISPIEL

Schulprojekt

Sie wollen eine Medienwerkstatt für Schüler aufbauen, in der die Schüler ihr Auftreten, ihr Sprechen vor anderen Menschen und ihre allgemeine Ausdruckfähigkeit verbessern können. Nehmen wir mal an, Sie sind die Lehrerin, die das Projekt an ihrer Schule umsetzen möchte. Das schaffen Sie vermutlich nicht allein. Zunächst einmal brauchen Sie die Unterstützung der Schulleitung, denn diese muss formell den Antrag stellen. Abhängig von Ihrem Lehrschwerpunkt ziehen Sie eventuell noch einen Psychologen zurate, mit dem sie die Kinderpsyche ergründen und Methoden entwickeln, wie sie Kinder stärken und fördern können. Sie brauchen jemanden, der weiß, wie man verschiedene Medien, z. B. Filme, pädagogisch nutzen kann. Sie benötigen wahrscheinlich noch einen Techniker, der die ganzen Gerätschaften bedienen kann.

Forschungsprojekt

Nehmen wir an, Sie sind von einer Technischen Universität, Sie selbst sind Informatiker. Für die Erstellung der Software zur Vorhersage von Gewaltausschreitungen bei Demonstrationen brauchen Sie aber noch mehr Helfer. Sie benötigen einen Fachmann, der sich mit Demonstrationen und der Entstehung von Gewalt auskennt, mindestens einen Vertreter der Polizei und des Ordnungsamts, besser auch noch einen Soziologen, der zu diesem Thema geforscht hat. Sie brauchen Techniker, die die Software anschließend fertigstellen und diese nutzbar machen. Und sie brauchen einen Moderator oder Pädagogen, der den Nutzern hinterher die Anwendung der Software erklärt.

Tipps zur Partnerwahl

Blind Dates mögen ja vielleicht zur Partnersuche im wirklichen Leben ganz aufregend und sogar von Erfolg gekrönt sein. Bei der Zusammenstellung eines Konsortiums würde ich indes kein Risiko bei der Partnerwahl eingehen. Leider hat man nicht immer die passenden Experten zur Hand und muss sich diese suchen. Hier sind ein paar Tipps:

- Erkundigen Sie sich in Ihrem Umfeld. Gibt es Empfehlungen?
  Wenn Sie schon einen möglichen Partner ins Auge gefasst haben, erkundigen Sie sich:
- Kennt jemand diese Einrichtung?
- Hat schon jemand mit ihm/ihr zusammengearbeitet?
- Die Kernfrage aber ist: Ist er/sie kompetent und zuverlässig? Ihnen nützt der genialste Überflieger mit großartigem Renommee nichts, wenn er seine Arbeiten nicht rechtzeitig abliefert. Das ganze Projekt kommt so ins Stocken.
- Schauen Sie sich auf der Webseite um: Sieht sie professionell aus? Ist sie aktuell?
- Telefonieren Sie miteinander oder – besser noch – lernen Sie sich persönlich kennen, um einen Eindruck zu bekommen.

- Lassen Sie sich Referenzen Ihres Partnerkandidaten zeigen. Hat er schon einmal in einem Konsortium gearbeitet? Mit wem? Bei welcher Gelegenheit?
- Fragen Sie anschließend die Konsortialpartner, wie die Zusammenarbeit lief. Daran ist überhaupt nichts Schlimmes! Das ist tatsächlich ein ganz normaler Vorgang. Sollten Sie Hemmungen haben, führen Sie sich vor Augen, dass Sie sich dadurch möglicherweise jede Menge Ärger ersparen.

ZUSATZWISSEN

Tina: Was soll denn da schon schiefgehen? Wir wollen schließlich nicht heiraten.
Mechthild: Nein, heiraten wollen Sie nicht. Aber Sie wollen gemeinsam etwas auf die Beine stellen und Sie beantragen Geld, das Sie gemeinsam ausgeben wollen. Beides birgt jede Menge Sprengstoff!
Ich kann mir das gar nicht vorstellen, haben Sie vielleicht ein paar Beispiele?
Aber gerne: Eine Survey-Company war für das Erstellen einer Bedarfsstudie zuständig. Sie sollte eine Umfrage unter der Zielgruppe machen, worin diese genau das Problem steigenden Analphabetismus' sieht. Auf dieser Grundlage sollte dann das Lastenheft für das weitere Projekt erstellt werden. Die Survey-Company reichte ihre Studie nicht rechtzeitig ein und vertröstete die immer ungeduldiger werdende Projektkoordinatorin. Die anderen Partner wurden ebenfalls langsam ungehalten, denn ohne die Studie konnten sie nicht beginnen. Sie hatten schon einen Mitarbeiter für die Folgearbeiten eingestellt. Dieser Mitarbeiter hatte einen befristeten Vertrag, so wie auch die Projektlaufzeit befristet war. Je länger sich die Arbeiten am Anfang des Projekts verzögerten, desto weniger Zeit blieb den anderen Partnern für die Folgearbeiten zur Verfügung. Irgendwann meldete sich die Survey-Company gar nicht mehr.
Das klingt tatsächlich nach einem Fiasko.
Es gibt noch mehr Fallstricke. Zum Beispiel, wenn ein Partner sich nicht an die Absprachen hält. Ein kleines Konsortium aus zwei Partnern, dem Kulturverein Helsinki und dem Kulturverein Budapest, hatte ein Projekt genehmigt bekommen. Gemeinsam hatten sie das Projekt zuvor ausgearbeitet, jeder war abwechselnd an der Reihe, Aufgaben zu übernehmen. Als der Kulturverein Helsinki dran war, änderte er das Programm auf eigene Faust und ohne Absprache mit dem Partner. Der Austragungsort wurde von der für die Zielgruppe gut erreichbaren Hauptstadt Helsinki an einen idyllischen Ort in einem Fjord verlegt, wo der Vorsitzende des Kulturvereins seinen Feriensitz hat. Als die Zielgruppe anreiste, gab es ein großes Durcheinander. Und der Kulturverein Budapest hatte keine Ahnung, was vor sich ging. Neben dem organisatorischen Chaos stellte sich die kurzfristige Änderung auch als Problem für die Abrechnung heraus. Wer sollte das alles bezahlen? Die Verlegung war ja beim Geldgeber nicht beantragt und logischerweise auch nicht genehmigt worden.

TIPP

Arbeiten Sie den Projektplan bzw. den Antrag gemeinsam aus. Gemeinsam kann entweder heißen, alle zusammen in einem Raum. Oder aber einer (meist Sie, der Koordinator) erstellt einen ersten Entwurf und die anderen bearbeiten das Dokument.

Worauf Sie sich in der Antragsphase mit Ihren Partnern unbedingt einigen sollten:

- Den Umfang des Projekts und seine Arbeitspakete (siehe unten)
- Wer koordiniert das Projekt?
- Wer übernimmt welche Aufgabe?
- Bis wann müssen die Aufgaben erledigt sein?
- Wer darf wo mitbestimmen?
- Wie wollen Sie sich im Konfliktfall einigen?

Für den Antrag sollten Sie schriftlich begründen, warum dieser Partner genau der Richtige für diese Aufgabe ist und nachprüfbare Referenzen zu abgeschlossenen Arbeiten und Kooperationen des Partners einreichen.

TIPP

Schon in der Antragsphase sollten Sie gemeinsam mit Ihren Partnern die Rahmenbedingungen Ihrer Zusammenarbeit schriftlich fixieren. Für das Konsortium sehr hilfreich und für den Antrag lohnenswert ist die Ausarbeitung einer **Partnerschaftsvereinbarung** (Memorandum of Understanding). Das sorgt für Transparenz und spart Ihnen jede Menge Ärger!

Die Europäische Kommission hat für die Erstellung von Partnerschaftsvereinbarungen einen ausführlichen Leitfaden entwickelt, auf den ich mich im Folgenden beziehen werde (Europäische Kommission 2015b).

Auf der Internetseite des Bundesministeriums für Bildung und Forschung finden Sie weitere Muster für Konsortialverträge. Es schadet nicht, diese – auch für kleine Projekte – einmal zu lesen. Sollten Sie ein großes Forschungsprojekt beantragen und gewinnen, dann müssen Sie solch einen Vertrag abschließen. Weitere Infos finden Sie unter: http://www.horizont2020.de/projekt-konsortialvertrag.htm.

BEISPIEL

Partnerschaftsvereinbarung (Code of Conduct/Memorandum of Understanding)
Die unterzeichneten Partner beabsichtigen, im Projekt »Demos« zusammenzuarbeiten. Diese Erklärung legt die Projektziele und die Organisationsstruktur des Konsortiums fest. Die Partner verständigen sich wie folgt:

1. Ziel: Ziel des Projekts ist es, eine Software zur Vorhersage von Gewaltausschreitungen bei Demonstrationen zu entwickeln.
2. Name: Der Name des Projekts lautet »Demos«.
3. Struktur: Jede Partnerinstitution entsendet eine Person in die Steuerungsgruppe. Die Aufgabe der Steuerungsgruppe ist es, die Forschung zu planen und ihre Durchführung zu überwachen. Sie wählt einen Vorsitzenden, der die Gruppe leitet sowie rechtliche, finanzielle oder operative Maßnahmen steuert.
4. Entscheidung: Die Steuerungsgruppe entscheidet im Konsens. Sollten die Partner keinen Konsens erzielen, entscheidet die Mehrheit. Jeder Partner hat eine Stimme.
5. Kommunikation: Die Mitglieder der Steuerungsgruppe kommunizieren untereinander über E-Mail. Jeden ersten Mittwoch im Monat nehmen alle Mitglieder an einer Telefonkonferenz teil. Zwei Mal im Jahr trifft sich die Steuerungsgruppe persönlich, um den Fortgang des Projekts zu besprechen.
6. Durchführung: Die Forschung wird nach allgemein ethischen Grundsätzen durchgeführt, Forschungsergebnisse werden in wissenschaftlichen Zeitschriften, auf einer Konferenz und der Internetseite veröffentlicht.
7. Finanzierung: Die Partner bewerben sich gemeinsam um finanzielle Förderung des Vorhabens. Eingeworbene Gelder werden ausschließlich für die Projektarbeit und ohne Gewinnstreben verwendet.
8. Geistiges Eigentum, das durch das Forschungsprojekt entsteht, bleibt ausschließlich bei dem Partner, der es entwickelt hat, und wird durch nationales und internationales Recht geschützt. Alle Konsortialmitglieder sind gehalten, etwaige Interessenkonflikte offenzulegen.
9. Verschwiegenheit. Alle Partner verpflichten sich, alle ihnen direkt oder indirekt zur Kenntnis gekommenen vertraulichen Informationen strikt vertraulich zu behandeln und nicht ohne vorherige schriftliche Zustimmung an Dritte weiterzugeben, zu verwerten oder zu verwenden.
10. Konfliktbeilegung. Etwaige Konflikte, die aus der Projektzusammenarbeit heraus entstehen, werden mit gutem Willen und freundschaftlich beigelegt. Sollte keine Einigung möglich sein, wird ein externer Mediator hinzugezogen.

Diese Vereinbarung gilt mit Unterzeichnung des Konsortialvertrags und tritt nach Projektende außer Kraft.

5 Die glorreichen Elf zur Problemlösung – die Umsetzung/Implementation

Im folgenden Abschnitt sind Sie nun gefragt, Ihrem potenziellen Geldgeber zu zeigen, wie Sie »Ihr« Problem angehen wollen. Bitte formulieren Sie Schritt für Schritt aus, was Sie wann vorhaben. Sie gehen das gesamte Projekt im Geiste einmal durch. Indem Sie an alles denken, was zu erledigen ist, zeigen Sie, dass Sie sich auskennen. Sie zeigen, dass Sie wissen, wie man ein Projekt steuert. Ein anderes Wort für Projektsteuerung ist Projektmanagement. Die Beschreibung des Projektmanagements ist zwingender Bestandteil jedes Förderantrags.

Projektmanagement: Es umfasst die geplante Umsetzung des Projekts. Es hilft Ihnen vorab zu planen, wie viel Zeit, Personal und Geld Sie zur Umsetzung Ihres Vorhabens benötigen. Ein gutes Projektmanagement erlaubt es Ihnen weiter, Ihr Vorhaben zu steuern sowie eingesetztes Geld und die aufgewendete Arbeitszeit zu kontrollieren.

ZUSATZWISSEN

Mechthild: Jetzt geht es weiter. Sie haben das Problem erkannt und eine Lösung ersonnen.

Tina: Das dürfte ja wohl reichen!

Da muss ich Sie leider enttäuschen. Das reicht nicht. Bitte – auch wenn es Sie langsam nervt – versetzen Sie sich in die Lage der Geldgeber. Die geben Ihnen Geld, damit Sie Projekte verfolgen, um Probleme, derer sich die Geldgeber annehmen, in deren Sinne zu bearbeiten. Die Geldgeber müssen Sie nicht nur davon überzeugen, dass Sie verstehen, wo der Hase im Pfeffer liegt. Denen müssen Sie nicht nur verdeutlichen, wo Sie die Lösung für das Problem sehen und ihnen Ihre Ziele nahebringen. Sie müssen darüber hinaus auch noch beweisen, dass Sie solch ein Projekt durchführen können.

Also, das ist doch eine Frechheit. Ich habe schon viele solche Projekte erfolgreich umgesetzt. Das können die mir ruhig glauben!

Entschuldigen Sie, wenn ich jetzt polemisch werde. Aber um Glaube geht es hier leider nicht. Sie müssen zeigen, dass Sie so etwas können!

Und wie soll ich so etwas in einem Papierdokument zeigen?

Meilensteine, Arbeitspakete und Aufgaben: Je nachdem wie groß ein Projekt ist, wird es in einzelne Pakete unterteilt. In ein Paket packt man die einzelnen Aufgaben. Warum? Damit es handhabbarer wird. Genau wie beim Hausbau unterteilt man das Vorhaben so lange, bis man sinnvolle Einheiten hat, die man gut bewältigen kann. Handhabbar machen heißt: Man muss abschätzen können, wie viel Personal, Zeit, Material und Geld man für die Erfüllung jeder einzelnen Aufgabe benötigt.

Man teilt ein Projekt üblicherweise ein in Meilensteine, Arbeitspakete und Aufgaben.

4																	
5	Unterteilung eines Projekts																
6																	
7	Arbeitspakete																
8 Meilenstein		Aufgabe 1	Aufgabe 2	Aufgabe 3	Aufgabe 4	Aufgabe 5	Meilenstein	Aufgabe 6	Aufgabe 7	Aufgabe 8	Aufgabe 9	Aufgabe 10	Meilenstein	Aufgabe 11	Aufgabe 12	Aufgabe 13	Aufgabe 14
9																	

Abb. 8 *Einteilung eines Projekts in Arbeitspakete*

Ein Meilenstein ist die größte Einheit innerhalb eines Projekts, er markiert wichtige Arbeitsfortschritte. Ein Meilenstein ist jeweils erreicht, wenn mehrere Arbeitspakete abgearbeitet wurden. In diesen Paketen sind verschiedene Aufgaben zusammengeschnürt. Jetzt gilt es, Ihr Vorhaben einmal komplett zu durchdenken und einem Baukasten oder Lego-Haus gleich, das Projekt in seine Einzelteile zu zerlegen.

Schritt 1: Setzen Sie Meilensteine (Milestones)

Planen Sie regelmäßig sinnvolle Meilensteine. Ein Meilenstein in einem Projekt ist dann erreicht, wenn man wichtige Vorarbeiten oder Zwischenergebnisse erreicht hat. Mit Meilensteinen kontrolliert man, ob das Projekt sich im geplanten Rahmen bewegt. Davon hat ein zweijähriges Projekt vielleicht zwei bis drei.

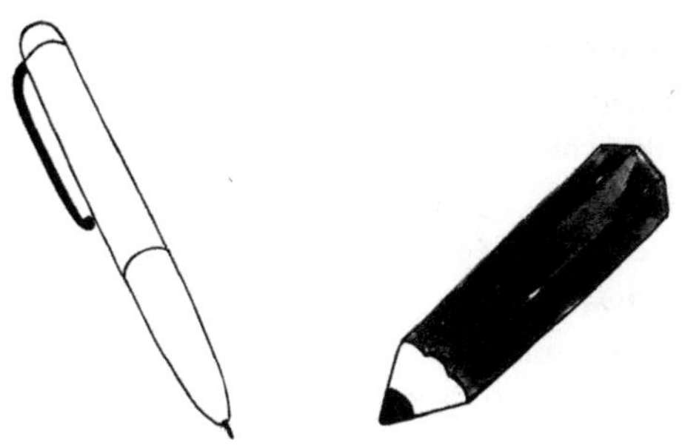

BEISPIELE

Hausbau: Meilensteine wären hier z. B. das Richtfest und die Bauabnahme. Handelt es sich um ein umfangreicheres Bauprojekt mit aufwändiger Planung, mehreren Wohn- oder Geschäftseinheiten, kann es sinnvoll sein, weitere Meilensteine einzuplanen, z. B. die Erteilung der Baugenehmigung.
Schulprojekt: Die Fertigstellung aller pädagogischen Materialen für die Medienwerkstatt, bevor die Arbeit mit den Schülern beginnt.
Forschungsprojekt: Das Herstellen des Prototyps der Software, bevor es an den Test und die Überarbeitung der Software geht.

Schritt 2: Schnüren Sie Arbeitspakete (Work Packages)

Die nächste kleinere Einheit sind Arbeitspakete (Work Packages). In Arbeitspaketen schnürt man zusammengehörige Aufgaben zusammen. Arbeitspakete sind sinnvolle Untereinheiten, ähnlich den Kapiteln eines Buches. Anders als in einem Buch werden Arbeitspakete aber nicht unbedingt in chronologischer Reihenfolge erstellt, sondern man fasst verschiedene Aufgaben logisch und plausibel zusammen und schnürt daraus ein Paket.

Das beste Beispiel hierfür ist die Öffentlichkeitsarbeit. Sie besteht aus vielen verschiedenen Einzelaufgaben, die während der gesamten Projektlaufzeit anfallen, beginnend mit der Projektwebseite, die zu Beginn erstellt wird, über Pressemitteilungen bis hin zu einer Abschlusskonferenz oder dem Druck von Broschüren. Diese einzelnen Aufgaben werden nun nicht in der Chronologie aller Projektaufgaben verankert, sondern zusammengefasst im Arbeitspaket »Öffentlichkeitsarbeit«.

BEISPIELE

Typische Arbeitspakete beim **Hausbau**:

- Planung des Hauses
- Planung der Innenausstattung
- Innenausbau.

Typische Arbeitspakete beim **Schulprojekt**:

- Erstellen eines pädagogischen Konzepts

- Anwendung des Konzepts/Test der Medienwerkstatt
- Projektmanagement.

Typische Arbeitspakete beim **Forschungsprojekt**:

- Systemanalyse
- Simulation verschiedener Formen der Gewaltausschreitung bei Demonstrationen mit Hilfe der Software
- Öffentlichkeitsarbeit und Verbreitung der Ergebnisse.

TIPP

Bitte beachten Sie: Bei den meisten Geldgebern ist es Pflicht, je ein Arbeitspaket zu den Themen Öffentlichkeitsarbeit und Verbreitung der Ergebnisse sowie zum Projektmanagement zu schreiben. Selbst wenn es nicht verpflichtend ist – Sie tun sich mit dem Verfassen aus zwei Gründen selbst einen Gefallen:

1. Sie zwingen sich selbst, die konkrete Umsetzung und Steuerung des Projekts vorab zu durchdenken.
2. Sie beeindrucken die Geldgeber durch Ihre Professionalität.

Schritt 3: Bestimmen Sie die einzelnen Aufgaben (Tasks)

Um die Arbeitspakete abarbeiten zu können, sind sie noch zu groß. Eine weitere Unterteilung muss her. Zerlegen Sie jedes einzelne Arbeitspaket deshalb in so viele Aufgaben, wie Sie brauchen.

Jede einzelne Aufgabe muss ein Ziel haben. Logisch, warum sollten Sie die Aufgabe sonst ausführen? Aber bitte, formulieren Sie dieses Ziel! Und erläutern Sie bitte auch, wie Sie dieses Ziel erreichen wollen (Methode), also: Was haben Sie genau in diesem einen Teilschritt vor? Was machen Sie und wie setzen Sie es um? Bitte definieren Sie auch genau, wer diese Aufgabe ausführt. Beispiele hierzu finden Sie weiter unten.

Schritt 4: Überlegen Sie sich Ergebnisse zum Anfassen (Deliverables)

Schließlich überlegen Sie sich für jede Aufgabe ein Ergebnis zum Anfassen (Deliverable). In letzter Zeit unterliegen viele Geldgeber dem Trend, für alles und jeden »Deliverables« einzufordern. Diese sind leicht zu bestimmen, wenn Sie mit Ihrem Projekt etwas produzieren wollen, z. B. eine Pflanze züchten, ein neues Kuchenrezept erfinden oder ein energiesparendes Haus bauen. Schwieriger wird es, wenn Sie mit Menschen arbeiten, denn Verhaltens- oder Einstellungsänderungen kann man nicht anfassen und abheften.

BEISPIELE

Typische *Deliverables* sind: Protokolle über Treffen, Sachberichte, Dokumentationen, Bilder, Fotos, Plakate, Flyer, Zeitungsartikel oder eine CD mit Software.

ZUSATZWISSEN

Tina: Also mal im Ernst, das ist doch alles mehr als überflüssig. Ich bin doch kein Fleißbienchen und sammle Fleißpunkte!

Mechthild: Sie finden das alles überflüssig? Dann lesen Sie bitte noch einmal meine Ausführungen zu den Gutachtern. Niemand kennt das Projekt so gut wie Sie!

Ja und, wo liegt das Problem?

Das bedeutet, dass Sie Gefahr laufen, den Wald vor lauter Bäumen nicht mehr zu sehen. Bedenken Sie immer, dass die Gutachter höchstwahrscheinlich intelligent und interessiert sind, zumeist auch Expertise auf Ihrem Gebiet haben. Aber dennoch müssen sie verstehen, was Sie im Einzelnen vorhaben. Setzen Sie nichts voraus und formulieren Sie alles aus.

Schritt 5 – Bringen Sie alle Arbeiten in eine Reihenfolge

Wenn Sie alle Aufgaben bestimmt und in Arbeitspakete zusammengeschnürt haben, dann sortieren Sie diese in zeitlicher Reihenfolge. Was muss zuerst erledigt werden, was danach und was erst am Schluss?

Beim Hausbau gibt es – wie bei den meisten Projekten – wenig Spielraum in der Festlegung dieser Reihenfolge. Man könnte vielleicht die Gartengestaltung nach vorne ziehen, dann sind einige Pflanzen schon angewachsen, wenn man einzieht. Aber die anderen Arbeiten können nur in einer bestimmten Reihenfolge erledigt werden, weil sie aufeinander aufbauen und wechselseitig voneinander abhängen.

BEISPIELE

Die Reihenfolge der Arbeitspakete beim **Hausbau**:

1. Bauvoranfrage (Darf ich auf dem Grundstück überhaupt ein Haus bauen?)
2. Baufirmen und ggf. Architekt engagieren
3. Baugenehmigung (Erlaubt mir die örtliche Behörde, mein gewünschtes Haus zu bauen?)
4. Planung des Hauses (Was für einen Haustyp will ich?)
5. Planung der Innenausstattung (Wie soll das Haus innen aussehen?)
6. Beginn des Baus mit Keller oder Bodenplatte
7. Fertigstellung des Rohbaus
8. Innenausbau
9. Bauabnahme
10. Gartengestaltung.

Schulprojekt:

1. Erstellen eines pädagogischen Konzepts
2. Erstellen der Unterrichtsmaterialien
3. Anwendung des Konzepts/Test der Medienwerkstatt
4. Überarbeitung und Fertigstellung
5. Öffentlichkeitsarbeit und Verbreitung der Ergebnisse
6. Projektmanagement.

Forschungsprojekt:

1. Systemanalyse
2. Entwicklung von Szenarien
3. Entwicklung der Software
4. Simulation verschiedener Formen der Gewaltausschreitung bei Demonstrationen mithilfe der Software
5. Training und Handlungsempfehlungen
6. Öffentlichkeitsarbeit und Verbreitung der Ergebnisse
7. Projektmanagement.

Schritt 6: Identifizieren Sie die Übergabepunkte

Wenn die Reihenfolge der Arbeitspakte und Aufgaben feststeht, überlegen Sie, ob es Aufgaben gibt, die aufeinander aufbauen. Beispiel Haus: Sie können erst mit dem Mauern beginnen, wenn das Fundament gegossen ist. Und es bringt gar nichts, die Wände zu tapezieren, bevor die Elektroleitungen verlegt sind.

Wenn Sie also Arbeitspaket 3 erst in Angriff nehmen können, nachdem Arbeitspaket 2 erfolgreich abgeschlossen wurde, liegt eine Abhängigkeit vor.

WICHTIG

Ein Übergabepunkt markiert eine Abhängigkeit zweier Aufgaben voneinander. Benennen Sie deutlich alle Übergabepunkte!

Im Folgenden finden Sie ausführliche Beispiele für die Unterteilung eines Arbeitspakets in Aufgaben, für die Beschreibung der Aufgaben, der Ergebnisse und der Übergabepunkte.

BEISPIELE

Schulprojekt

Unterteilung des Arbeitspakets 2 »Erstellen der Unterrichtsmaterialien« und Übergabepunkte

Aufgabe 2: Erarbeiten des Materials

Auf Grundlage des pädagogischen Konzepts erstellt das pädagogische Team Material, das für die Arbeit mit den Schülern benötigt wird. Hierbei kann es sich um eine Bühne

oder eine Leinwand für die Auftritte der Schüler handeln, die dann auf Video aufgezeichnet werden. Oder es kann sich um die Zusammenstellung von verschiedenen Instrumentalmusikstücken handeln, wenn auch Gesangsvorführungen geplant sind. Ziel dieser Aufgabe ist es, den Schülern einen Rahmen zu geben, innerhalb dessen sie ihre sprachliche Ausdrucksfähigkeit üben können.
Methode: Die Bühne wird in Zusammenarbeit mit der Werkgruppe der Schule innerhalb der Projektgruppe erstellt. Die Leinwand wird gekauft.
Personal: Evelyne Strohmeier, Lehrerin, Geschwister-Scholl-Schule, Königswinter; Prof. Hauke Haien, Soziologe, Universität Bonn.
Ergebnis/Deliverable: Das fertige Material, z. B. in Form einer Bühne oder einer Leinwand.
Notwendige Vorarbeiten: Um diese Aufgabe beginnen zu können, muss das pädagogische Konzept vorliegen.
Aufgabe 3: Verfassen von Anleitungen für Lehrer
Ist das Material vorhanden, verfasst das pädagogische Team einen Leitfaden für Lehrer. Dieser beschreibt, wie die Materialien einzusetzen sind, welcher Vorarbeiten es seitens des Lehrers bedarf und wie lange die einzelnen Übungen dauern.
Ziel dieser Aufgabe ist es, die Nutzung der Materialien zu dokumentieren und sie für möglichst viele Lehrer nutzbar zu machen.
Methode: Das pädagogische Team trifft sich zu einer Schreibwerkstatt und verfasst den Text gemeinsam.
Personal: Evelyne Strohmeier, Lehrerin, Geschwister-Scholl-Schule, Königswinter; Prof. Hauke Haien, Soziologe, Universität Bonn.
Ergebnis/Deliverable: Das pädagogische Konzept.
Notwendige Vorarbeiten: Um diese Aufgabe beginnen zu können, muss das Material vorliegen.

Forschungsprojekt
Unterteilung des Arbeitspakets 1 »Systemanalyse« und Übergabepunkte

Aufgabe 1: Statusanalyse
Ziel dieser Aufgabe ist es zu erfassen, welche Verfahren oder Instrumente zur Analyse und Ex-ante-Bewertung von Demonstrationen es bereits gibt.
Methode: Um diesen Status quo zu erfassen, führt die Technische Universität Interviews mit den Stakeholdern durch. Dazu erstellt sie zunächst einen Interview-Leitfaden und befragt im zweiten Schritt die Stakeholder. Anschließend wertet sie die Interviews aus und stellt die verschiedenen Instrumente in einer tabellarischen Übersicht dar.
Personal: Dr. Darius Roshdie, Technische Universität; Frank Koslowksi M.A. Technische Universität.
Beteiligte Partner: Ordnungsamt und Polizeipräsidium.
Ergebnis/Deliverable: Die tabellarische und logisch gruppierte Übersicht der verschiedenen Bewertungsinstrumente.
Notwendige Vorarbeiten: keine.

Aufgabe 2: Schwachstellenanalyse

Ziel dieser Aufgabe ist es herauszufinden, ob und wenn ja, unter welchen Bedingungen, die verschiedenen Bewertungsinstrumente zuverlässig arbeiten oder wo Schwachstellen vorliegen.

Methode: Zur Schwachstellenanalyse organisiert die Technische Universität Fokusgruppen, die sich aus Mitarbeitern der Ordnungsämter und der Polizeipräsidien zusammensetzen. Zur Vorbereitung der Gespräche erstellt die Technische Universität einen Interview-Leitfaden. Dieser umfasst u. a. folgende Fragen:

- Welche Erkenntnisse tauschen die Stakeholder miteinander aus?
- Wann kommuniziert wer mit wem?
- Wer trifft die Entscheidung zur Vorkehrung der unterschiedlichen Präventionsmaßnahmen?
- Werden die Entscheidungen, die Maßnahmen und der Verlauf der Demonstrationen am Ende systematisch ausgewertet? Wenn ja, mit welchem Ergebnis? Wenn nein, warum nicht?

Die Gespräche der Fokusgruppen werden mitgeschnitten und anschließend transkribiert. Daraufhin analysiert die Technische Universität die Gesprächsprotokolle und identifiziert die verschiedenen Schwachstellen, gruppiert diese und setzt sie in Beziehung zueinander.

Personal: Dr. Darius Roshdie, Technische Universität München; Frank Koslowksi M.A., Technische Universität München; Dr. Gerlinde Haberschmidt, Freie Universität München; Kamila Ben Ali M.A., Freie Universität München.

Beteiligte Partner: Ordnungsamt und Polizeipräsidium.

Ergebnis/Deliverable: Die grafische Übersicht der Schwachstellen mit Erläuterung.

Notwendige Vorarbeiten: abgeschlossene Statusanalyse.

Schritt 7: Erstellen Sie eine Zeitleiste – das Gantt-Diagramm

Übersicht über Aufgaben: Damit Sie selbst den Überblick behalten, aber auch damit Sie Ihrem möglichen Geldgeber eine Übersicht der anstehenden Aufgaben geben können, tragen Sie alle Aufgaben in eine Zeitleiste ein. In die Spalten tragen Sie die einzelnen Monate ein. In die Zeilen kommen die Arbeitspakete und die Aufgaben.

TIPP

Tipp 1: Die Aufgabe »Projektmanagement« sollte sinnvollerweise die gesamte Projektlaufzeit durchziehen, also alle Monate.

Tipp 2: Beginnen Sie mit der Öffentlichkeitsarbeit so früh wie möglich. Eine Internetseite, die über das Projekt informiert, können Sie gleich zu Beginn programmieren (lassen). Bei einem Forschungsprojekt bietet sich auch ein Forscherworkshop zur Projekthalbzeit an. Über diesen Workshop können Sie dann prima auf Ihrer Webseite oder in einer Pressemeldung berichten!

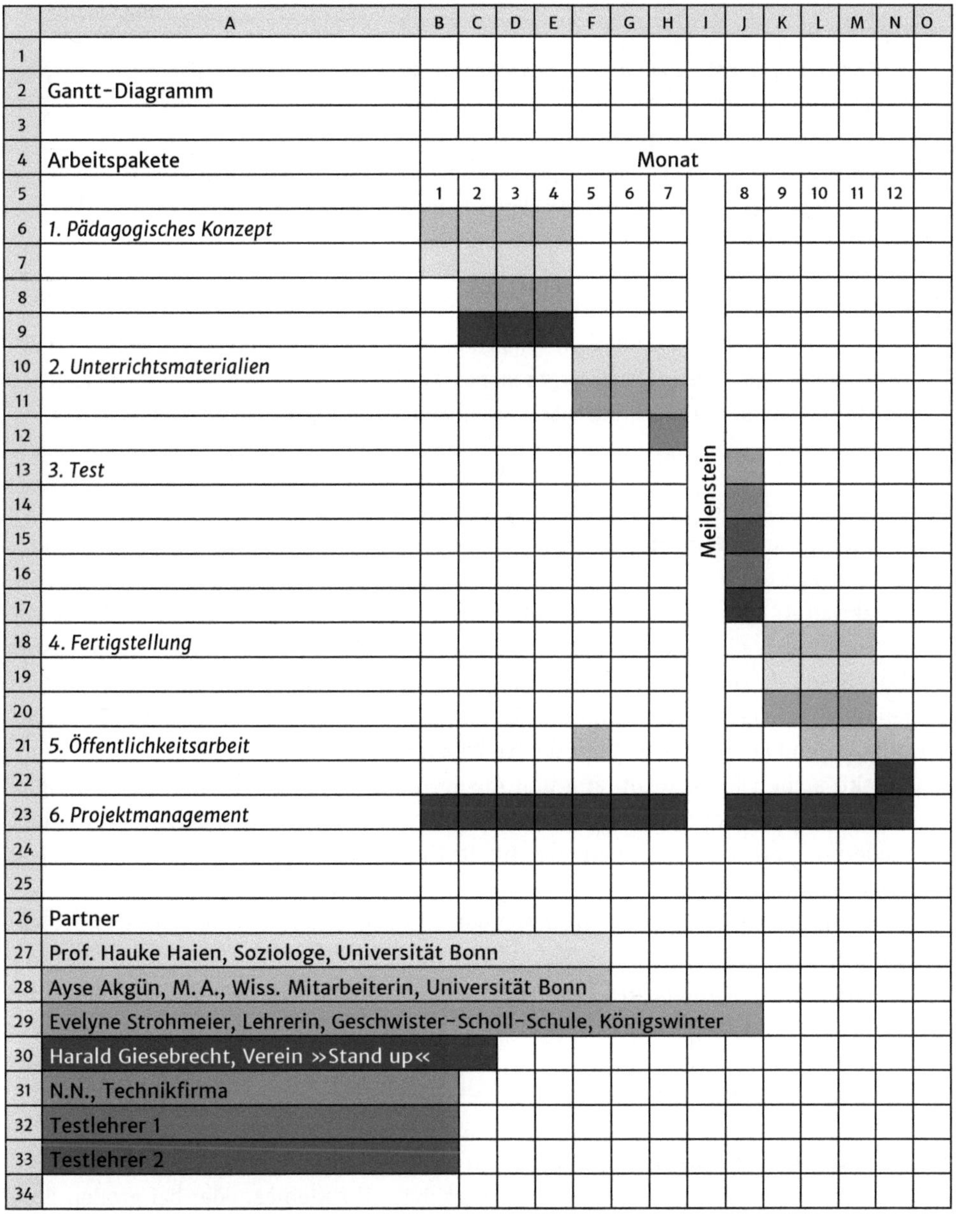

	A	B	C	D	E	F	G	H	I	J	K	L	M	N	O
1															
2	Gantt-Diagramm														
3															
4	Arbeitspakete	Monat													
5		1	2	3	4	5	6	7		8	9	10	11	12	
6	*1. Pädagogisches Konzept*														
7															
8															
9															
10	*2. Unterrichtsmaterialien*														
11															
12															
13	*3. Test*								Meilenstein						
14															
15															
16															
17															
18	*4. Fertigstellung*														
19															
20															
21	*5. Öffentlichkeitsarbeit*														
22															
23	*6. Projektmanagement*														
24															
25															
26	Partner														
27	Prof. Hauke Haien, Soziologe, Universität Bonn														
28	Ayse Akgün, M. A., Wiss. Mitarbeiterin, Universität Bonn														
29	Evelyne Strohmeier, Lehrerin, Geschwister-Scholl-Schule, Königswinter														
30	Harald Giesebrecht, Verein »Stand up«														
31	N.N., Technikfirma														
32	Testlehrer 1														
33	Testlehrer 2														
34															

Abb. 9 *Gantt-Diagramm*

Schritt 8: Legen Sie fest, wer das Projekt leitet (Management-Struktur)

Beschreiben Sie nun die Management-Strukturen. Was ist das? Eine Management-Struktur ist eine Übersicht darüber, wer für welche Aufgabe zuständig ist. Sie gleicht einem ausformulierten Organigramm. Je mehr Partner mitarbeiten, umso wichtiger ist eine detaillierte Beschreibung.

ZUSATZWISSEN

Tina: Management-Struktur – wie das schon klingt! Das ist ja wohl total übertrieben! Wir sind ein kleiner Verein, der ein überschaubares Projekt machen will. Wir brauchen keine Management-Strukturen!

Mechthild: Doch. Sie können es ja anders nennen, z. B. »Wer macht was?«. Aber festlegen sollten Sie die jeweiligen Aufgabenbereiche für jedes noch so kleine Vorhaben. Sie ersparen sich jede Menge Ärger.

Wieso Ärger?

Ärger gibt es dann, wenn die Zuständigkeiten nicht klar geregelt sind. Die Arbeit kann in normalen Phasen vor sich hindümpeln, aber spätestens, wenn es stressig wird, wenn Unvorhergesehenes dazukommt oder wenn die Arbeit sich häuft, dann gibt es meist unschöne Auseinandersetzungen zwischen den Partnern.

Das Team und seine Funktionen: In der Management-Struktur stellen Sie die Funktionen des Teams dar.

- Projektleiter: Dieser leitet das Projekt. Das heißt, er hat den Überblick über das gesamte Projekt, die Teilaufgaben, die Partner, die Ausgaben und die Abgabefristen (Deadlines). Er muss die Partner anmahnen, wenn sie nicht rechtzeitig ihre Aufgaben erledigen oder »Deliverables« abliefern. Er organisiert Treffen aller Projektbeteiligten und kommuniziert mit den Geldgebern.
- Projektpartner: Je nach Umfang und Ausgestaltung des Projekts haben Sie möglicherweise einen oder mehrere Partner. Partner sind nicht Ihre eigenen Mitarbeiter, sondern andere Einrichtungen oder Institutionen, mit denen Sie für dieses Projekt zusammenarbeiten.
- Projektmitarbeiter: Das sind Ihre eigenen Mitarbeiter, mit denen Sie das Projekt umsetzen.
- Buchhalter/Finanzmanager: Sie brauchen jemanden, der das Projekt kalkuliert (budgetiert) und es hinterher abrechnet. Bei ganz kleinen Vereinen übernimmt dies der Projektleiter. Besser ist es, Sie haben eine zuverlässige und fähige Person, die diese Aufgabe für Sie übernimmt.

Teamfunktionen zuordnen: Ordnen Sie nun jeder Funktion einen Mitarbeiter zu. Das heißt, Sie erstellen bereits jetzt in der Antragsphase Ihr kleines, oder bei großen Projekten, Ihr großes Organigramm. Es stehen noch nicht alle potenziellen Mitarbeiter fest? Das ist kein Drama. Bei Arbeiten, die nicht so wichtig sind, wie z. B. diejenigen, die durch Hilfskräfte erledigt werden können, setzen Sie einfach ein N.N. ein.

Für die wichtigen Positionen wie die Projektleitung oder die Partner brauchen Sie allerdings Namen. Natürlich ist hier nichts in Stein gemeißelt, jeder Geldgeber weiß, dass sich Namen und Positionen im Laufe der Zeit ändern können. Aber für den Antrag sollten Sie ein Team zusammenstellen, mit dem Sie fest vorhaben, das Projekt gemeinsam durchzuführen.

Kompetenzen darlegen: Beweisen Sie, dass Ihr Team kompetent ist. Wie in allen anderen Abschnitten des Antrags müssen Sie auch hier Ihre Auswahl begründen. Oder anders gesagt: Sie müssen darlegen, dass die von Ihnen ausgewählten Teammitglieder kompetent für die ihnen zugedachte Aufgabe sind und dass sie so etwas schon einmal gemacht haben. Darlegen heißt: Es nicht nur behaupten, sondern auch beweisen. Wie? Ganz einfach. Im Anhang erläutern Sie in ein bis zwei Sätzen, warum gerade diese Person geeignet für die Aufgabe ist und welche Erfahrung sie in diesem Bereich schon vorweisen kann. Um dies zu untermauern, fügen sie den Lebenslauf (CV) dieser Person dem Antrag in einem Anhang bei. Natürlich sollte der Lebenslauf auch die behaupteten Kompetenzen widerspiegeln.

Die Zusammenarbeit: Bei einem Antrag ist es auch wichtig, dass Sie plausibel und nachvollziehbar beschreiben, wie die Teammitglieder zusammenarbeiten. Das ist nicht schwer, es ist reine Fleißarbeit. Aber bitte vernachlässigen Sie diesen Punkt nicht, er fließt in die Wertung mit ein. Fragen, auf die Sie eingehen sollten, sind:

- Wer entscheidet was?
- Wie häufig treffen sich alle Teammitglieder persönlich?
- Wie häufig kommunizieren Sie miteinander – und wie?

BEISPIELE

Schulprojekt

Die Management-Struktur setzt sich zusammen aus drei Projektpartnern: der Universität Bonn, der Geschwister-Scholl-Schule Königswinter und dem Verein »Stand up« (Antragsteller). Technische Aufgaben werden in einem Unterauftrag an eine Technikfirma ausgegliedert. Die Universität Bonn wird vertreten durch Prof. Hauke Haien, die Geschwister-Scholl-Schule durch Evelyne Strohmeier und der Verein »Stand up« durch Harald Giesebrecht.
Alle Partner haben gleiches Stimmrecht und entscheiden im Konsens.
Die Partner kommen während der Projektlaufzeit mindestens viermal persönlich zusammen: Nach der Finanzierungszusage (Kick-off); nach Abschluss des Forschungsstandes; nach der Testphase; am Ende des Projekts. Dazwischen kommunizieren Sie per E-Mail und Telefon regelmäßig, mindestens jedoch einmal pro Woche.
Das Projekt wird durch die Finanzabteilung der Uni Bonn abgerechnet.

Projekte von mehr als 500.000 Euro (Großprojekt)

Für große Projekte (mit einem Budget von mehr als 500.000 Euro) sollte die Managementstruktur entsprechend ausführlicher sein. Fragen, die Sie hier beantworten sollten, sind:

- Wer koordiniert das Projekt?
- Wie viele Projektmanager gibt es? Wer hat dabei welche Aufgabe?
- Sind die Personen dafür qualifiziert?
- Wie arbeiten die einzelnen Projektmanager zusammen?
- Und wie arbeiten die Projektmanager mit den Wissenschaftlern oder anderen Mitarbeitern des Projekts vor Ort zusammen?

- Wer entscheidet was?
- Wie werden gemeinsame Entscheidungen getroffen – im Konsens oder durch Abstimmung? Wer moderiert im Konfliktfall?
- Gibt es einen Verhaltenskodex (Code of Conduct)?
- Gibt es einen Fristenplan, auf dem die einzelnen haptischen Ergebnisse (Deliverables) und Übergabepunkte festgelegt sind?
- Wer mahnt fällige Deliverables und Übergabepunkte an, die sonst die Fortführung des Projekts verzögern könnten?
- Gibt es ein Kuratorium oder eine Art Aufsichtsrat oder Beratungsgremium?
- Wer betreut die Abrechnung und die Buchhaltung?

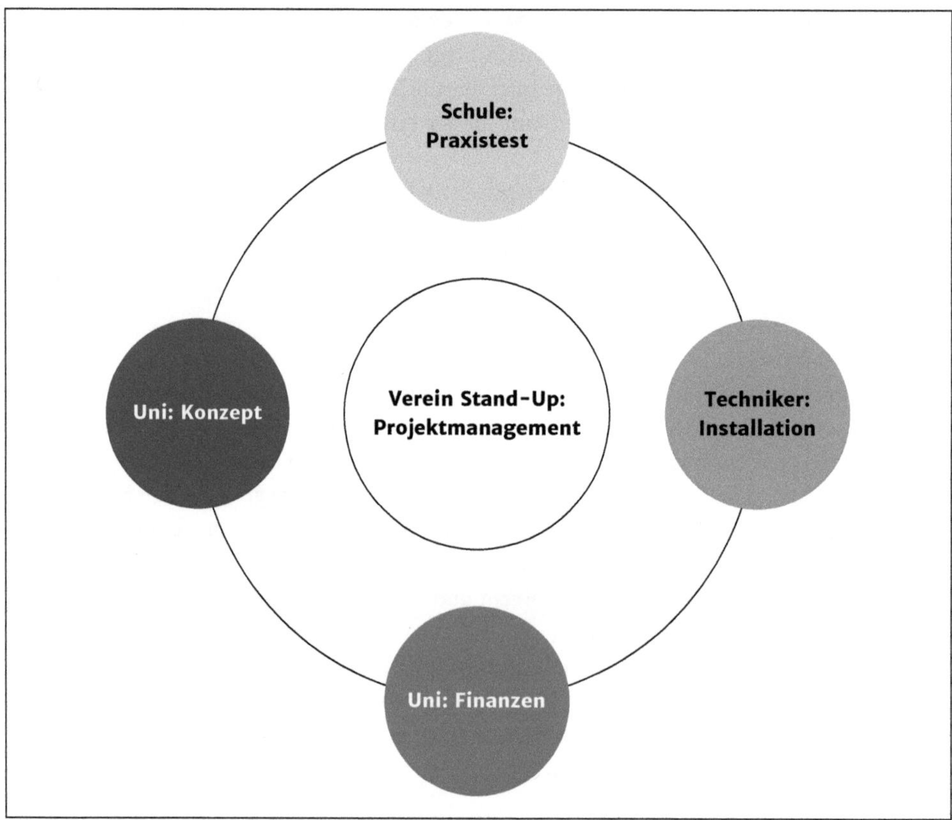

Abb. 10 *Beispiel Management-Struktur*

Schritt 9: Machen Sie deutlich, wie Sie die Ergebnisse verbreiten und vermarkten wollen (Dissemination und Exploitation)

Forschungsergebnisse veröffentlichen: Ein Punkt, den Antragsteller häufig kurz halten, der aber sehr wichtig für die Geldgeber ist, sind die Verbreitungsmaßnahmen (Dissemination Measures). Diese betreffen in erster Linie *Forschungsprojekte*. Es geht hierbei darum, die Ergebnisse, die Sie durch die Forschung erzielt haben (und für die Sie öffentliche Gelder bekamen), anderen Wissenschaftlern oder Interessenten zugänglich zu machen.

Das bedeutet, dass Sie Ihre Forschungsergebnisse kostenlos online zur Verfügung stellen (Open Access). Ihre Ergebnisse können entweder als Artikel in Forschungszeitschriften erscheinen, in deren Redaktionen auch unabhängige Gutachter über die Qualität der Artikel entscheiden (Peer Reviewed). Oder Sie stellen Ihre Ergebnisse als Rohdaten, Statistiken usw. online. Verbreitungsmaßnahmen können – je nach Zuschnitt des Projekts – sein:

- eine Projektwebseite
- Veröffentlichung von Artikeln in Fachmagazinen
- Vorstellen des Projekts/der Projektergebnisse auf Konferenzen, Tagungen oder anderen öffentlichen Veranstaltungen.

Natürlich zwingt Sie keiner dazu, Ihre Ergebnisse zu veröffentlichen, insbesondere dann nicht, wenn Sie ein Patent anmelden (wollen) oder Sie dezidiert etwas entwickeln, um später damit Geld zu verdienen.

Aber wenn Sie sich dazu entscheiden, Ihre Ergebnisse zu veröffentlichen, dann sollten diese frei zugänglich sein.

TIPP

Erwähnen Sie in Ihrem Projektantrag ausdrücklich, dass Sie einen Hinweis auf die Förderung durch Ihren Geldgeber in alle Veröffentlichungen einbauen werden!

Vermarktung der Projektergebnisse: Wenn Sie mit Ihren Forschungsergebnissen Geld verdienen wollen – dies ist bei einigen Ausschreibungen ausdrücklich erwünscht –, dann sollten Sie beschreiben, wie Sie dies zu tun gedenken. Typische Vermarktungsmaßnahmen sind:

- Anmelden eines Patents
- Verkauf einer Lizenz
- Nutzen der Ergebnisse in zukünftigen Forschungsvorhaben
- Entwickeln eines Produkts, das anschließend verkauft werden soll
- Anbieten einer Dienstleistung.

TIPP

Wenn Sie in einem Konsortium arbeiten, legen Sie bitte schon im Förderantrag fest, wie Sie planen, den »Kuchen« aufzuteilen. Wenn Sie also beabsichtigen, Geld mit Ihrer Forschung zu verdienen, handeln Sie schon vorab mit den Partnern aus, wer welchen Anteil der Einnahmen bekommen soll.

Schritt 10: Zeigen Sie, wie Sie das Projekt bekannt machen wollen (Öffentlichkeitsarbeit/ Communication)

Öffentlichkeitsarbeit betreiben heißt, dass Sie Ihr Projekt und dessen Ergebnisse durch strategische und zielgerichtete Informationsarbeit einem breiten Publikum, Medien und die interessierte Öffentlichkeit eingeschlossen, bekannt machen. Im Onlinehandbuch der Europäischen Kommission bekommen Sie tolle Tipps für Ihre Öffentlichkeitsarbeit: http://ec.europa.eu/research/participants/docs/h2020-funding-guide/grants/grant-management/communication_en.htm.

ZUSATZWISSEN

Tina: Also, mir ist das peinlich. Das ist doch Angeberei.

Mechthild: Wieso? Ähnlich wie bei den Verbreitungsmaßnahmen ist auch die Öffentlichkeitsarbeit nicht zu vernachlässigen. Auch hier geht es um die Interessen des Geldgebers. Tue Gutes und sprich darüber!

Wieso sollte ich?

Die wenigsten Geldgeber vergeben Geld anonym, das sind dann meist Privatleute, die in der Öffentlichkeit nicht erscheinen wollen. Alle öffentlichen Geldgeber oder auch Stiftungen haben ein Interesse, mit ihren »Wohltaten« in der Öffentlichkeit in Erscheinung treten. Denn auch die verantwortlichen Bearbeiter bei Ihrem Geldgeber müssen irgendwann einmal Rechenschaft ablegen, sei es beim Generaldirektor der Kommission, sei es beim Kuratorium der Stiftung. Und so haben Geldgeber in aller Regel ein Bedürfnis nach Sichtbarkeit. Und aus diesem Grund ist der Punkt Öffentlichkeitsarbeit nicht zu unterschätzen.

Leitfragen: Überlegen Sie sich also, wie Sie Ihr Projekt einem möglichst großen Publikum bekannt machen können. Dies sind dabei Ihre Leitfragen:

1. Was ist Ihre *Botschaft*? Was genau möchten Sie überhaupt vermitteln?
   - Stellen Sie heraus, warum dieses Projekt relevant ist.
   - Zeigen Sie, wie Sie damit Ihr zuvor ermitteltes Problem (zumindest teilweise) lösen können.
   - Zeigen Sie, wie auch andere, also Ihr »Publikum«, von Ihren Projektergebnissen profitieren können.
2. Welche verschiedenen *Publikumsarten* möchten Sie erreichen?
   - Da ist natürlich Ihre »Projektcommunity« zu nennen, also alle Kollegen oder Personen, die zu einem ähnlichen Thema oder Projekt arbeiten. Aber Ihre Geldgeber möchten, dass möglichst viele Personen von dem Projekt erfahren. Deshalb gilt es, den Kreis der Interessenten zu erweitern.
   - Wen sollten Sie außerhalb dieser »Projektcommunity« noch ansprechen? Wer aus Politik, Wirtschaft, Gesellschaft und Wissenschaft könnte noch interessiert sein?
   - Und dann sollten Sie die allgemeine Öffentlichkeit nicht vergessen.

Sie sind nicht sicher, ob Sie auch niemanden vergessen haben? Die Europäische Kommission hat hierzu weitere Leitfragen verfasst:

- Wer hat noch Interesse an Ihrer Forschung?
- Wer könnte zu Ihrer Arbeit beitragen?
- Wer könnte sich noch für Ihre Projektergebnisse interessieren?
- Wer ist von den Ergebnissen Ihres Projekts direkt oder indirekt betroffen?
- Wer ist vielleicht nicht direkt betroffen, aber könnte anderweitig Einfluss ausüben?
- Haben Sie auch alle Ebenen bedacht: lokal, regional, national, europäisch, ggf. international? (http://ec.europa.eu/research/participants/portal/desktop/en/funding/guide.html, 20.07.2015)

3. Erwartungen an das Publikum: Was erwarten Sie von Ihrem Publikum?
   - Möchten Sie in einen Austausch eintreten, wünschen Sie Feedback?
   - Möchten Sie politische Entscheidungsträger beeinflussen?
   - Möchten Sie Ihr Publikum dazu bringen, etwas zu tun oder zu unterlassen?
   - Möchten Sie, dass Ihr Ergebnis angewendet oder umgesetzt wird?
4. Zielgruppen erreichen: Wie möchten Sie Ihre Zielgruppe erreichen?
   Überlegen Sie sich für jedes Teilpublikum, wie Sie dieses am besten erreichen. Ihre Maßnahmen sollten maßgeschneidert sein!
   Überlegen Sie sich immer: Wo treffe ich die Zielgruppen an? Welche Medien nutzt die jeweilige Zielgruppe? Welche Publikationen liest sie? Was schauen sie?
   Negativbeispiel: Sie erreichen die allgemeine Öffentlichkeit nicht, indem Sie die Ergebnisse Ihres Projekts nur in einer Fachzeitschrift veröffentlichen.

   Beispiele für Maßnahmen der *Öffentlichkeitsarbeit*, die auf Dialog und Austausch ausgerichtet sind:
   - Schulbesuche,
   - gezieltes Besuchen von Veranstaltungen eines Teilpublikums (z. B. Bildungskonferenz oder Polizeitag),
   - Vorstellen des Projekts/der Projektergebnisse auf Konferenzen, Tagungen oder anderen öffentlichen Veranstaltungen,
   - die Organisation einer eigenen Konferenz zur Vorstellung der Ergebnisse,
   - Tag der offenen Tür.

   Beispiele für *Massenkommunikation*:
   - Projektwebseite,
   - Newsletter (als E-Mail),
   - Twitter,
   - Pressemitteilungen und Pressekonferenzen,
   - Veröffentlichung von Artikeln und Fachmagazinen,
   - Beiträge in/Erstellen von Handbüchern,
   - Ausstellungen,
   - Fernsehen,
   - Radio,
   - Einstellen eines Projektvideos auf Youtube, MySpace oder anderen Onlineplattformen,
   - Internetdebatten,
   - Kontaktaufnahme mit Facebook-Gruppen.

TIPP

Bedenken Sie, dass Sie alles, was Sie versprechen, auch einhalten müssen. Und Sie müssen alle geplanten Aktionen in Ihr Budget mit aufnehmen.

5. Zeitplan erarbeiten: Erstellen Sie einen groben Zeitplan: Wann (ungefähr) werden Sie die Informationsmaßnahmen vornehmen? Grundsätzlich sollte Ihre Öffentlichkeitsarbeit das ganze Projekt über andauern. Die verschiedenen Aktionen/Maßnahmenpakete können Sie ungefähr zeitlich einordnen. Dazu gehört auch, ein Logo mit allen Projektpartnern zu entwickeln.
   Beispiel:

Aktion	Verantwortliche	Zeitraum
Entwerfen eines Projektlogos	Steuerungsgruppe	Monat 1–2
Erstellen der Webseite	Projektmanager	Monat 2–4
Aktualisieren der Webseite	Projektmanager	Monat 2–24
Artikel über Projektergebnisse	Wiss. Mitarbeiter	Monat 24
Abschlusskonferenz	Konsortium	Monat 24
usw.		

Abb. 11 *Zeitplan Öffentlichkeitsarbeit*

6. Personal für Öffentlichkeitsarbeit festlegen: Wer kümmert sich darum? Haben Sie ein kleines Projekt, dann ist die Öffentlichkeitsarbeit überschaubar und liegt wahrscheinlich in der Hand einer Person. Bei einem größeren Projekt, das von einem Konsortium durchgeführt wird, lohnt es sich, die einzelnen Maßnahmen – von einer Person gesteuert – auf mehrere Schultern zu verteilen.
7. Budgetplanung: Wie viel kosten die einzelnen Maßnahmen?
   Kalkulieren Sie für das Budget, wie viel Zeit, und damit auch Personalausgaben, in die einzelnen Maßnahmen investiert werden muss. Berechnen Sie bitte auch Sachausgaben, z. B. den Druck von Broschüren, Flyern, Bannern. Auch ein Grafiker, der Ihnen ein Logo entwerfen soll, bezieht ein Honorar. Brauchen Sie eine Fortbildung, um zu lernen, wie man gute Pressetexte oder eine Pressemitteilung verfasst? Dann kalkulieren Sie diese bitte ein.
8. Erfolge messen: Sind Ihre Maßnahmen kontrollierbar?
   Hier bitte ich Sie wieder um den Perspektivwechsel: Stellen Sie sich vor, *Sie* würden jemanden Geld geben, damit dieser es in Ihrem Sinne verwendet und möglichst viele Außenstehende von Ihrer finanziellen Unterstützung wissen lässt. Würden Sie dann nicht sicherstellen wollen, dass dieser Jemand Ihnen nicht das Blaue vom Himmel erzählt? Würden Sie nicht auch selbst mal schauen, was die Person oder Organisation denn so alles veröffentlicht?

Versuchen Sie also solche Maßnahmen zu planen, die spezifisch und messbar sind. Die oben aufgeführten Beispiele sind allesamt messbar und nachvollziehbar.

BEISPIELE

Schulprojekt

Mit Ihrer Medienwerkstatt möchten Sie zunächst einmal andere Schulen und Lehrer erreichen. Dann sind aber auch die Stakeholder und deren Communities relevant: Schulverwaltungen, Elternvertretungen, Stiftungen, politische Entscheidungsträger sowie Bildungsforscher und Pädagogen. Schließlich möchten Sie die allgemeine Öffentlichkeit erreichen.

Wie machen Sie das? Zu Beginn erstellen Sie eine Projektwebseite. Nach erfolgreichem Abschluss des Projekts stellen Sie Kurzfilme der Medienwerkstatt im Internet ein, z. B. auf Facebook oder Youtube (Bitte Bildrechte beachten!). Außerdem drucken Sie einen ansprechenden Flyer.

Um Schulen und Lehrer zu erreichen, bitten Sie die Landesschulämter um Zusendung der Kontaktlisten aller Schulen und schicken diesen eine E-Mail mit Links zur Projektwebseite sowie auf die anderen Internetveröffentlichungen zu. Vielleicht haben Sie Zugang zu anderen E-Mail-Verteilern oder Netzwerken, über die Sie diese Informationen verschicken können?

Die Schulverwaltungen schreiben Sie direkt an; Adressverzeichnisse finden Sie im Internet. Über die Landesschulkonferenzen erreichen Sie auch die Elternvertretungen. Andere interessierte Stiftungen ermitteln Sie über den Stifterverband. Politische Entscheidungsträger recherchieren Sie zuvor im Internet und schreiben diese an, genauso Wissenschaftler.

Sie könnten auch die lokale Presse informieren und während der Schulprojekttage eine öffentliche Vorführung ihrer Medienwerkstatt anbieten. Und, und, und....

Forschungsprojekt

Mit Ihrem Forschungsprojekt möchten Sie Innenministerien, Polizeibehörden, Politiker sowie andere Forscher erreichen. Und dann wollen Sie natürlich die Medien über Ihr außergewöhnliches Projekt informieren.

Zu Beginn des Projekts erstellen Sie eine Projektwebseite, in der Sie ausführlich über das Projekt informieren. Nach erfolgreichem Abschluss stellen Sie eine Demoversion auf die Webseite sowie auf Youtube und auf andere Forschungsportale.

Für Medienvertreter organisieren Sie eine Live-Demonstration, bei der Sie zeigen, wie Ihre Software funktioniert. Die Veranstaltung können Sie ohne Probleme groß aufziehen – je mehr Journalisten Sie erreichen, desto höher ist die Wahrscheinlichkeit, dass über Ihr Projekt berichtet wird.

Die anderen Fachleute erreichen Sie durch Veröffentlichungen in Fachzeitschriften, durch das Vorstellen Ihrer Software auf Konferenzen sowie durch das Versenden einer E-Mail mit einem Verweis auf Ihre Projektwebseite.

ZUSATZWISSEN

Tina: Muss ich das wirklich alles ausfüllen? Das wird mir sehr lästig!
Mechthild: Ja, das müssen Sie ausfüllen; Ihre Öffentlichkeitsarbeit fließt auch in die Bewertung mit ein. Aber übersehen Sie nicht, dass hier auch eine große Chance für Sie selbst liegt?
Wo denn, bitteschön?
Nun, indem Sie über Ihre Projekterfolge berichten, machen Sie andere auf sich aufmerksam. Je zielgerichteter und informativer Ihre Arbeit ist, umso mehr Menschen erreichen Sie. Dadurch können andere interessierte Einrichtungen auf Sie aufmerksam werden. Oder auch potenzielle Partner und Personen, die schon einmal etwas Ähnliches gemacht haben und sich mit Ihnen austauschen möchten.
Aber es ist so viel Arbeit!
Ja, die kann ich Ihnen nicht abnehmen. Aber hier finden Sie viele Arbeitshilfen, mit denen das Kapitel »Öffentlichkeitsarbeit« in Ihrem Antrag ruckzuck geschrieben ist.

TIPP

Je nach Geldgeber muss die Öffentlichkeitsarbeit des Projekts in das Kommunikationskonzept des Geldgebers passen. Manche Institutionen haben sehr genaue Vorstellungen davon, wie sie ihre Inhalte kommunizieren – das sollten sie bereits im Antrag berücksichtigen.

Schritt 11: Benennen Sie alle Risiken und geben Sie an, wie Sie mit ihnen umgehen werden

Risikomanagement: Ein weiterer äußerst unbeliebter Punkt bei Antragstellern ist die Beschreibung der Risiken. Hierbei geht es um die Frage: Was könnte den Erfolg des Projekts gefährden? Und was unternehmen Sie, um diesem Risiko entgegenzuwirken?

Vermeiden Sie, zu schreiben, dass es keine Risiken gäbe. Die gibt es immer. Und Ihr potenzieller Geldgeber erwartet von Ihnen, dass Sie sich im Vorhinein über dieses Thema Gedanken machen!

Mit diesem Abschnitt zeigen Sie, dass Sie sich intensiv mit den möglichen Risiken Ihres Vorhabens befasst haben. Gleichzeitig belegen Sie dadurch, dass Sie mit dem Ihnen anvertrauten Geld sorgsam und gewissenhaft umgehen werden. Versetzen Sie sich wieder in die Lage Ihres Geldgebers. Würden Sie jemandem Ihr Geld anvertrauen, der sagt: »Ach, das wird schon gut gehen!«?

BEISPIELE

Hausbau

Stellen Sie sich vor, Sie wollen ein Haus bauen. Sie sind bereit, sich für die nächsten 20 Jahre zu verschulden. Deshalb bauen die meisten Menschen auch nur ein Haus in ihrem Leben. Sie lassen sich von zwei verschiedenen Baufirmen beraten. Firma »Bauschön« macht Ihnen ein überzeugendes Angebot. Im Gespräch fragen Sie: »Was passiert, wenn ein Unterauftragnehmer insolvent geht?« Ein häufiges Übel bei Bauvorhaben. Die Firma Bauschön erwidert: »Wir bauen jetzt seit über 25 Jahren Häuser. So etwas ist uns noch nie passiert! Machen Sie sich keine Sorgen.« Auch die Firma »Häuslebau« unterbreitet Ihnen ein attraktives Angebot. Im Gespräch auf dieselbe Frage antwortet Ihr Gesprächspartner. »Dieses Problems sind wir uns bewusst. Es ist uns bislang zwar noch nicht passiert, aber für den Fall haben wir eine zusätzliche Versicherung abgeschlossen.«

Preisfrage: Bei welchem Bauträger fühlen Sie sich besser aufgehoben?

Gehen Sie also jedes einzelne Arbeitspaket durch, am besten in einem Team. Überlegen Sie: Was könnte hier schiefgehen? Dann überlegen Sie, wie man dieses Risiko minimieren könnte. Manche Geldgeber möchten zusätzlich, dass Sie die Wahrscheinlichkeit einschätzen, mit der dieses Risiko eintritt: gering, mittel oder hoch.

Schulprojekt

Risiko	Arbeitspaket	Wahrscheinlichkeit	Gegenmaßnahme
Die Kinder wollen nicht mitmachen	4	Mittel	Vorab die Klassenlehrer informieren und um Unterstützung bitten; vertrauensvolles Auftreten der Projektmitarbeiter; Vergabe von kleinen Belohnungen nach Teilnahme

Abb. 12 Beispiel Risiken im Schulprojekt

Forschungsprojekt

Risiko	Arbeitspaket	Wahrscheinlichkeit	Gegenmaßnahme
Das Management der verschiedenen Partner ist sehr komplex. Unvorhergesehene Situationen oder Konflikte zwischen Forschern können auftreten.	1	Mittel	Erfahrene Mitarbeiter rekrutieren; Entscheidungsprozesse vorab gemeinsam festlegen; klare Zuständigkeiten festlegen.
Die Generalisierung der Daten aus den Fallbeispielen schlägt aufgrund unvorhergesehener Faktoren fehl.	4	Gering	Das Forschungsdesign ist so angelegt, dass es möglichst viele Einflussfaktoren berücksichtigen kann. Unterschiedliche Fallausprägungen werden bereits bei der Datensammlung berücksichtigt

Abb. 13 Beispiel Risiken im Forschungsprojekt

6 Welche Unterstützung brauchen Sie? – Kalkulation/Budget

Jetzt geht es ans Eingemachte: Wie viel Geld brauchen Sie, damit Sie Ihr Projekt erfolgreich durchführen können? Die Kalkulation ist eine Aufgabe, vor der sich viele fürchten. Aber keine Sorge, sie ist gar nicht so schlimm.

Wann beginnen Sie sinnvollerweise mit der Berechnung? Erst wenn Sie die Arbeitspakete und die Aufgaben festgelegt haben – damit haben Sie nämlich schon die halbe Miete.

6.1 Worum geht es beim Budget?

Budgetplanung

Ein Budget ist ein Haushaltsplan. Hier berechnen Sie, was Sie voraussichtlich für Ihr Projekt ausgeben müssen (Ausgaben) und wie viel Geld Sie dafür brauchen (Einnahmen). Je ausführlicher und präziser Ihr Arbeitsplan ist, umso leichter wird Ihnen diese Aufgabe fallen. Für jede Aufgabe überlegen Sie, wie viel Arbeit (Personalkosten) Sie investieren müssen und welche Ausgaben Sie für Material, Miete, Beschaffungen usw. (Sachkosten) haben. Diese Begriffe erkläre ich unten noch ausführlicher.

ZUSATZWISSEN

Tina: Ich habe noch nie eine solche Kalkulation erstellt. Woher soll ich wissen, wie lange ich für eine bestimmte Aufgabe brauche?

Mechthild: Der Einwand ist berechtigt. Wenn Sie überhaupt keine Idee haben, dann tauschen Sie sich mit Personen aus, die in diesem Bereich arbeiten. Am besten holen Sie zwei bis drei Meinungen ein.

Kann ich dann die Gelegenheit nutzen und endlich mal höhere Personalkosten ansetzen? Wir werden hier so furchtbar schlecht bezahlt.

Die meisten Geldgeber geben an, in welchem Rahmen sich die Personalkosten bewegen dürfen. Bei allen öffentlichen Geldgebern wie z. B. Ministerien, Ämtern usw. sind Sie in der Regel auf der sicheren Seite, wenn

Sie die Tarife des öffentlichen Dienstes anlegen. Die EU hat ihre eigenen Sätze, die erfreulicherweise meist höher sind als die deutschen Tarifsätze.

Aber bei meiner Ausschreibung gibt es dazu keinen Hinweis. Was soll ich jetzt anlegen?

Bevor Sie etwas berechnen, was bei Ihren Gutachtern zu Irritationen führen könnte – rufen Sie an und fragen Sie nach!

TIPP

Berechnen Sie das Projekt so genau und realistisch wie möglich. Vermeiden Sie es, besonders sparsam zu sein. Bei der Umsetzung bringen Sie sich selbst immer wieder in Schwierigkeiten, wenn Sie zu wenig für einzelne Posten kalkuliert haben. Vermeiden Sie aber auch, unrealistisch hohe Kosten anzugeben – das kommt bei den Geldgebern und Gutachtern überhaupt nicht gut an!

Exkurs: Ausgaben oder Kosten?

Im allgemeinen Sprachgebrauch werden beide Begriffe synonym verwendet. In der Betriebswirtschaft wird hier aber unterschieden: Ausgaben sind Ausgänge von Geld. Man kann auch sagen, dass hier Geld (ab)fließt. Mit Kosten bewertet man den Verbrauch von Gütern und Dienstleistungen.

BEISPIEL

Wenn ich einen Computer für 2100 Euro kaufe, habe ich eine Ausgabe von 2100 Euro. Das Geld ist »abgeflossen«. Allerdings nutze ich den Computer über einen längeren Zeitraum. Rechnen wir einmal mit drei Jahren Nutzungsdauer: 2100 geteilt durch 3 ergibt 700 Euro. Das heißt, während des gesamten Nutzungszeitraums darf ich 700 Euro pro Jahr für den Computer »ansetzen«. Die abrechenbare Nutzungsdauer der verschiedenen Geräte hat das Finanzamt in sogenannten Afa-Tabellen festgelegt. Übrigens – ein Gerät oder eine andere Investition über einen längeren Zeitraum abzurechnen, nennt man auch Abschreibung.

Ausgaben

Üblicherweise kalkulieren Sie in einem Projektantrag Ausgaben. Grundsätzlich gilt: Sie berechnen alle Ausgaben, die während des gesamten Projektzeitraums anfallen werden. Und Sie berechnen *ausschließlich* Ausgaben, die mit dem Projekt zusammenhängen. Das ist bei kleinen Projekten ziemlich einfach und wird mit zunehmender Projektgröße immer anspruchsvoller.

Um die Berechnung zu vereinfachen, gibt es schon drei vorgefertigte Kategorien oder »Schubladen«, in die Sie Ihre Ausgaben einordnen können:

1. Ausgaben für eigenes Personal
2. Ausgaben für Güter/Gegenstände oder eingekaufte Dienstleistungen
3. Sogenannte Gemeinkosten (Overhead), auch Verwaltungskostenpauschale genannt.

6.2 Personalausgaben

Unter Personalausgaben fallen Ausgaben für Personen, die für das Projekt von Ihnen selbst oder von einem Projektpartner eingestellt werden. Das heißt, es gilt nur als Personal, wer über einen Arbeitsvertrag verfügt und für wen Sozialabgaben entrichtet werden. Dabei muss es sich nicht gleich um einen unbefristeten Vertrag handeln. Solch eine Einstellung kann auch nur von kurzer Dauer sein. Die Anstellungsdauer spielt keine Rolle.

Berechnung der Personalausgaben

Beginnen wir nun mit der Berechnung der Personalausgaben. Dafür nehmen Sie sich die Auflistung Ihrer Arbeitspakete und Aufgaben vor. Jetzt überlegen Sie für jede Aufgabe:

- Wie viele Personen arbeiten an dieser Aufgabe?
- Wie lange arbeitet jede Person an dieser Aufgabe?
- Zu welcher Gehaltsgruppe gehören diese Personen?

Alle Ergebnisse tragen Sie in eine Excel-Tabelle (bzw. GIGA für Open Office) ein. Als Grundlage können Sie hier schon Ihr Gantt-Diagramm nehmen.

TIPP

Ich habe es mehrfach erlebt, dass Antragsteller ihre Berechnungen in ein Word-Dokument eintragen und dann mit dem Taschenrechner rechnen. Vermeiden Sie dies unbedingt. Sie geraten in Teufels Küche! Wenn Sie Excel noch nicht kennen, lohnt es sich spätestens jetzt, sich mit diesem Programm vertraut zu machen. Denn Excel kann – anders als Word – selbst rechnen. Sie können zu jedem Zeitpunkt hier und da eine Zahl ändern, ohne alles neu berechnen zu müssen.

Wenn Sie für das Projekt Personal einstellen wollen, dann kalkulieren Sie für die Budgetberechnung den vollen Arbeitgeberbruttobetrag. Das heißt, Sie berechnen den Bruttolohn inklusive der Sozialversicherungsbeiträge, wie z. B. Renten- oder Krankenversicherungsbeiträge und sonstiger im Gehalt enthaltenen gesetzlichen Kosten.

BEISPIELE

Teilzeitbeschäftigte
Was berechnen Sie, wenn ein Mitarbeiter nur zwei Monate am Projekt mitarbeitet? Ganz einfach: Sie wenden den Dreisatz an. Entweder Ihr Geldgeber möchte eine Aufschlüsselung nach Stunden, dann nehmen Sie die Arbeitsstunden, die ein Mitarbeiter in einem Jahr arbeitet und dividieren diese durch die Anzahl der geplanten Arbeitsstunden für das Projekt:

Häufig wird die Fixstundenzahl eines Vollzeitbeschäftigten mit 1720 Stunden angesetzt. Ihr Mitarbeiter soll zwei Vollzeitmonate im Projekt mitarbeiten. Das sind 8 Stunden am Tag multipliziert mit 40 Arbeitstagen. Ergibt insgesamt 320 Arbeitsstunden.
8 Stunden x 40 Tage = 320 Stunden

Tagessätze
Oder Sie berechnen Tagessätze. Man geht allgemein von 220 Produktivarbeitstagen pro Jahr aus.
Bei großen Projekten, also solchen, die über mehrere Jahre gehen, setzt man allerdings weder Stunden noch Wochen, sondern Monate an.

Schulprojekt
Sie haben abgeschätzt, dass die Pädagogikstudentin Ayse für das Lesen und Auswerten der vorhandenen Studien ungefähr zwei volle Wochen braucht. Da dies ein kleineres Projekt ist, rechnen Sie nicht wochenweise, sondern rechnen mit der kleineren Einheit Tage. Zwei Arbeitswochen sind 10 Arbeitstage.
Für diese Arbeit schließen Sie mit Ayse einen Werkvertrag ab. Für jeden Tag erhält Ayse 70 Euro. Das Gehalt von 70 Euro multipliziert mit 10 Arbeitstagen ergibt 700 Euro. Das heißt, dass Sie die Auswertung des Forschungsstands 700 Euro kostet.

Berechnungen mit Excel
Und so geben Sie diese Zahlen in Excel ein: Sie öffnen ein neues Dokument und speichern es ab.
In einer Zeile tragen Sie den Namen des Arbeitspakets ein: Forschungsstand. Jetzt bekommen jeder Faktor und das Produkt eine Spalte:
Ayses Tagessatz x Anzahl Ayses Arbeitstage = Ayses Honorar
Und dann lassen Sie Excel selbst die Summe ausrechnen:

1. Dazu klicken Sie zuerst das Kästchen an, in dem die Summe erscheinen soll: D4.
2. Dann klicken Sie in das große, leere Bedienfeld über der Tabelle.
3. Tippen Sie das Gleichheitszeichen ein: =
4. Jetzt weiß das Programm, dass es rechnen soll.
5. Tippen Sie die Feldnamen ein, in denen Ihre Faktoren stehen:
   Ayses Tagessatz (70 Euro) steht in Feld B4.
6. Ayses Anzahl der Arbeitstage (10) steht in Feld C4
7. Also tippen Sie neben das Gleichheitszeichen: B4*C4
8. Das Sternchen bedeutet »multiplizieren mit«.
9. Drücken Sie jetzt: »Enter«. Fertig!

Der Clou an diesem Rechenprogramm: Wenn Sie später an den eingegebenen Werten etwas ändern – wenn Ayse z. B. statt 70 Euro lieber 80 Euro erhalten soll –, dann berechnet Excel die Summe ganz automatisch.

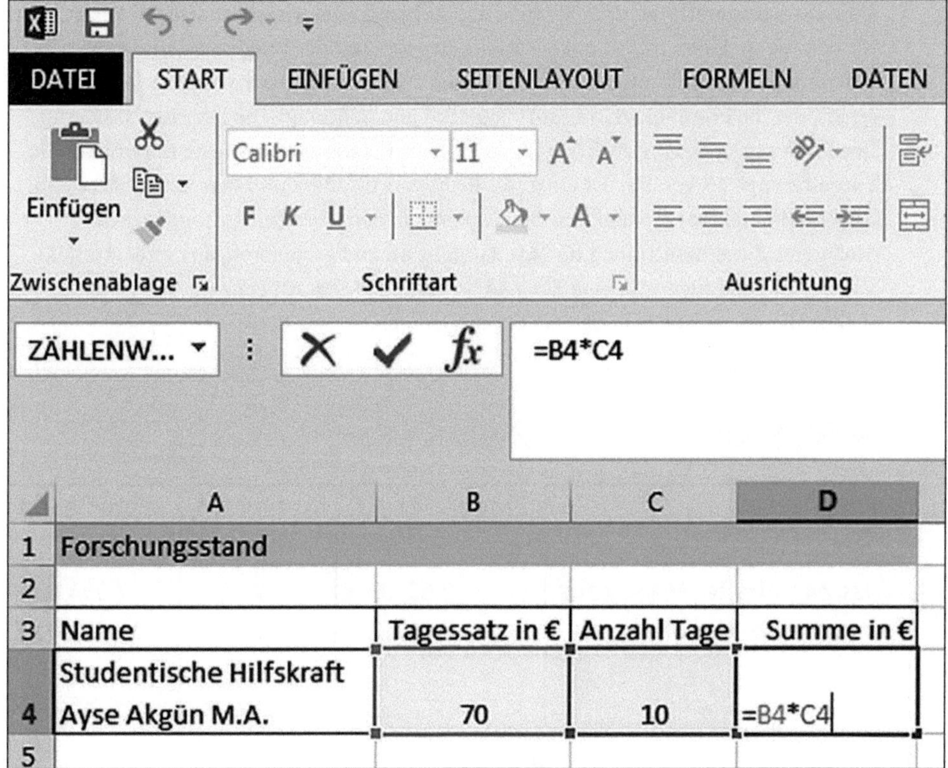

Abb. 14 *Beispiel Personaltagessatz*

	A	B	C	D
1	Forschungsstand			
2				
3	Name	Tagessatz in €	Anzahl Tage	Summe in €
4	Studentische Hilfskraft Ayse Akgün M.A.	70	10	700
5				

Abb. 15 *Beispiel Berechnung Personalkosten für eine Person*

Forschungsprojekt
Das Forschungsprojekt ist deutlich größer, als Sie ursprünglich angenommen haben. Sie kommen deshalb zu dem Schluss, dass Sie Personal für die Umsetzung einstellen müssen, das die ganze Zeit am Projekt mitarbeiten soll. Auch in einem Forschungsprojekt muss man natürlich zunächst den Forschungsstand erarbeiten.

Sie haben ausgerechnet, dass Sie für diese Aufgabe zwei wissenschaftliche Mitarbeiter benötigen: Einen Informatiker (Mark), der sich mit der Programmierung von Software auskennt. Dann brauchen Sie einen zweiten wissenschaftlichen Mitarbeiter (Jens), der die kriminologische, soziologische und politologische Literatur auswertet. Der Tarifvertrag des öffentlichen Dienstes sieht für wissenschaftliche Mitarbeiter die Entgeltgruppe 13 vor. Das ist ein guter Richtwert für Mark und Jens. Sie schätzen ab, dass Mark zwei Monate und Jens drei Monate an dem Forschungsstand arbeiten. Stellen Sie diese Berechnung für jede Aufgabe an und gruppieren Sie diese untereinander. Am Ende fügen Sie eine Zeile an, in der Sie die verschiedenen Zwischensummen addieren. Auch das lassen Sie Excel erledigen.

	A	B	C	D
1	Forschungsstand			
2				
3	Name	Entgelt PM in €	Anzahl PM	Summe in €
4	Wiss. Mitarbeiter Mark Maus	3.697,00 €	2	7.394,00 €
5	Wiss. Mitarbeiter Jens Jesse	3.697,00 €	3	11.091,00 €
6	Zwischensumme			18.485,00 €
7				
8	PM = Personenmonat			

Abb. 16 *Berechnung Personalkosten mit Personenmonaten*

TIPP

Bitte beachten Sie, dass Sie zwar alle Personalausgaben berechnen sollen, die mit dem Projekt in Verbindung stehen, aber auch nur solche. Es ist nicht korrekt, wenn ein Mitarbeiter zusätzlich noch an anderen Dingen arbeitet und Sie ihn über Ihr Projekt abrechnen.

Arbeitszeiterfassung: Damit Sie die Arbeitszeiten genau erfassen und zuordnen können, sollte jeder Mitarbeiter, einen Stundenzettel ausfüllen. Der muss gar nicht ausführlich sein, aber er sollte konsequent geführt werden. Je nach Geldgeber müssen Sie diesen nämlich der Abrechnung beilegen. Und je nach Geldgeber wird diese Abrechnung auch geprüft.

Hier ein Beispiel für einen Stundenzettel, wie ihn die Europäische Kommission verwendet.

Stundenzettel		Monat	Jahr
Projektname		Projektnr.	
Name Projektpartner			
Name Mitarbeiter		Personalgruppe	

Tag	1	2	3	4	5	6	7	8	9	10	11	12	13	14	15	16	17	18	19	20	21	22	23	24	25	26	27	28	29	30	31
Arbeits-paket																															
Nr.																															
Nr.																															
Nr.																															
Nr.																															
Nr.																															
Summe Stunden																															

Kurze Beschreibung der Aktivitäten dieses Monats	
Datum und Unterschrift Mitarbeiter	Datum und Unterschrift Arbeitgeber

Abb. 17 *Beispiel Stundenzettel*

6.3 Sächliche Verwaltungsausgaben

Sächliche Verwaltungsausgaben, das ist so ein schöner Begriff aus der Betriebswirtschaft. Im allgemeinen Sprachgebrauch sagt man dazu auch »Sachkosten«. Damit sind Ausgaben für Dinge gemeint, die Sie kaufen. Wie auch bei den Personalkosten können Sie alle Dinge oder Güter hier berechnen, die Sie für das Projekt brauchen – aber auch nur diese. Sie dürfen aus den Projektmitteln keine Anschaffungen für andere Projekte oder für Ihre Einrichtung allgemein finanzieren, wenn diese mit dem Projekt nichts zu tun haben.

Reisekosten (Travel costs)

Dazu gehören Reisekosten, wenn die Reise für das Projekt notwendig ist und wenn die Personen innerhalb des Projektzeitraums reisen. Bei Reisen können Sie auch Tagegelder berechnen. Nutzen Sie diese Möglichkeit!

Natürlich gilt es auch hier einige Regeln zu beachten. Wer sich jetzt schon Erster Klasse fliegen und im Grand Hotel absteigen sieht, den muss ich enttäuschen.

Bundesreisekostengesetz: In den allermeisten Fällen müssen Sie nach dem Bundesreisekostengesetz abrechnen. Dieses regelt genau, welches Verkehrsmittel Sie abrechnen und welche Übernachtungspauschalen Sie ansetzen dürfen. Manche Geldgeber haben auch ihre eigenen Regeln (die sind dann meist großzügiger, so z. B. die Europäische Union). Erkundigen Sie sich.

Anschaffungen für das Projekt (Equipment)

Wenn Sie noch zusätzliche Ausrüstungsgegenstände benötigen, um Ihr Projekt durchzuführen, dann können Sie diese beantragen, z. B. einen Computer. Das sind dann abschreibungsfähige Kosten. Dieser Punkt ist unter »Ausgabe oder Kosten?« erläutert (S. 70).

Verbrauchsgüter (Consumables)

Für die meisten Projekte müssen Sie noch jede Menge anderer Dinge kaufen. Hier sind einige Beispiele:

- Verpflegung für alle Teilnehmer, wenn Sie einen Workshop oder eine Konferenz organisieren,
- Flyer oder Broschüren,
- Kopierkosten,
- Büromaterial.

Unteraufträge: Zu den sächlichen Verwaltungsausgaben gehören auch Unteraufträge. Wenn Sie also einen Kameramann beauftragen, um Ihre Theateraufführung aufzuzeichnen, dann werden Sie den Kameramann wahrscheinlich nicht als Mitarbeiter einstellen. Eher schließen Sie mit ihm einen Vertrag ab. In dem Vertrag sichern Sie ihm beispielsweise 1.000 Euro für das Filmen Ihrer Aufführung und anschließende Brennen auf DVD zu. Dies nennt man dann einen Unterauftrag über ein Werk (= Werkvertrag). Obwohl es sich dabei um eine Dienstleistung handelt, rechnen Sie diese unter den sächlichen Verwaltungsabgaben ab, denn unter Personalausgaben fallen nur Ausgaben für fest angestelltes Personal.

TIPP

Bitte jetzt schon merken: Was immer Sie ausgeben – heben Sie bitte den Beleg auf! Am besten legen Sie hierfür einen eigenen Ordner an, in dem Sie alle Belege sammeln.

6.4 Gemeinkosten (Overhead)

Dann gibt es noch eine dritte Kategorie von Ausgaben, die Gemeinkosten. Die heißen nicht etwa so, weil sie besonders gemein wären. Das sind allgemeine Kosten, die dem Projekt nicht eindeutig zugerechnet werden können, die aber trotzdem zum Projekt gehören. Man nennt sie auch indirekte Kosten oder Overhead.

BEISPIEL

Ihr Verein mietet dauerhaft Räume an. Egal, ob gerade ein Projekt läuft oder nicht. Wenn Sie aber nun ein Projekt durchführen, verrichten Sie die Arbeit dafür in Ihren Büroräumen. Dann gehört der Büroraum, in dem Ihre Mitarbeiter sitzen, zum Projekt. Und in diesem Fall dürfen Sie die Büromiete anteilig berechnen.
In der Regel berechnet man diese Gemeinkosten über eine feste Prozentzahl. Sie müssen also nicht ausrechnen, an wie vielen Tagen jemand im Büro gesessen hat, wie viel Öl oder Gas dafür verheizt wurde und wie viel Liter Wasser diese Person für Kaffee und die Klospülung verbraucht hat.

Berechnung der Gemeinkosten: In den allermeisten Fällen ist die Berechnung der Gemeinkosten sehr einfach. Sie zählen alle Ausgaben für Sachen und Personal zusammen. Auf diese Summe schlagen Sie einen Prozentsatz auf. Den geben die Geldgeber vor. Manche erlauben zehn Prozent, manche fünf Prozent, manche zahlen eine Pauschale pro Teilnehmer. Das ist ganz unterschiedlich.

Typische Gemeinkosten sind:

- Raummiete,
- Strom,
- Heizung
- Telefongebühren,
- Porto,
- Kopierkosten,
- Reinigungsdienste,
- Sachversicherung der eigenen Büroräume.

6.5 Ko-Finanzierung

Herausforderung Eigenbeitrag: Häufig ist die Forderung nach einer Ko-Finanzierung ein k.o.-Schlag, insbesondere für kleine Vereine. Ko-Finanzierung bedeutet, dass die Projektpartner selbst einen finanziellen Beitrag zum Projekt leisten müssen. Diese Ko-Finanzierung können Sie auf zwei Wegen beisteuern. Entweder Sie erbringen diesen Beitrag selbst oder aber Sie finden einen weiteren Geldgeber.

Häufig beläuft sich die Höhe der Ko-Finanzierung auf 20 Prozent der gesamten Projektkosten. Manchmal liegt er aber auch höher. Meist gewähren Geldgeber nur dann eine hundertprozentige Finanzierung, wenn gezielt kleine Vereine oder zivilgesellschaftliche Organisationen mit geringen Eigenmitteln angesprochen werden.

Haben Sie für die Ko-Finanzierung eine andere Geldquelle, z. B. einen Zuschuss von der Stadtverwaltung, ist alles prima. Müssen Sie den Eigenbeitrag selbst erbringen, haben Sie hierfür zwei Möglichkeiten:

1. Günstig ist es, gerade für kleine Einrichtungen, wenn man anstatt Geld Arbeitszeit einbringen kann. In diesem Fall berechnen Sie, wie viel Zeit Sie investieren und multiplizieren diese mit dem Tagessatz des Mitarbeiters. Diesen Betrag setzten Sie dann bei der Kalkulation an.
2. Manchmal ist dies allerdings nicht möglich. Dann bestehen die Geldgeber darauf, dass Geld fließt (Cashflow). Dies bedeutet, Sie müssen mit Belegen und auf dem Konto nachweisen, dass Geld in das Projekt einfließt. Das setzt voraus, dass Sie das Geld auf dem Konto haben.

In der Regel erwarten die Geldgeber bei der Bewerbung, dass man eine verbindliche Zusage für die Ko-Finanzierung mitbringt.

7 Wie beobachten und kontrollieren Sie Ihre Fortschritte (Monitoring)?

7.1 Was ist Monitoring?

Monitoring bedeutet, dass der oder die Projektleiter regelmäßig überprüfen müssen, ob das Projekt noch so läuft, wie es laut Plan ablaufen soll:

- Werden die Zwischenziele fristgerecht erreicht?
- Liefern alle Teammitglieder rechtzeitig ihre Arbeiten ab, so dass die folgenden Arbeitsschritte in Angriff genommen werden können?
- Halten sich die Ausgaben im Rahmen?
- Ist Unvorhergesehenes dazwischengekommen? Wie sollte das Projektteam damit umgehen? Welche Lösungen gibt es?

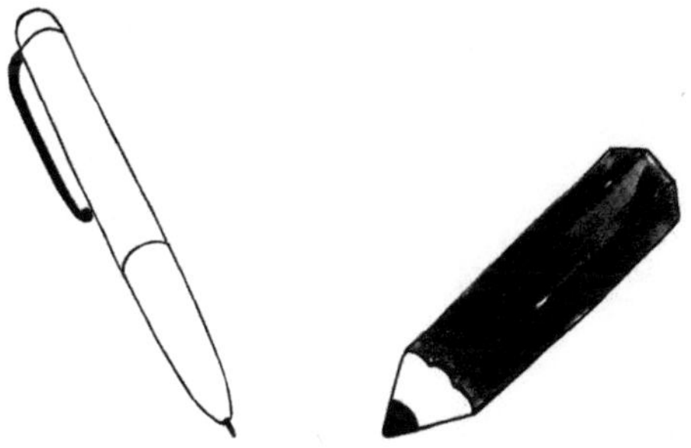

7.2 Was heißt »berichten«?

Je nach Geldgeber müssen Sie nach einigen Monaten oder einem Jahr einen Zwischenbericht einreichen, in dem Sie über genau diese Punkte Auskunft geben. Deshalb sollten Sie die Ergebnisse Ihres Monitorings von Beginn an schriftlich festhalten.

TIPP

Bewahren Sie von Anfang an auch alle haptischen Ergebnisse (Deliverables) auf, also Fotos, Protokolle, Screenshots von Blogs, Filme, Prototypen, Presseberichte usw.

Für den Schlussbericht benötigen Sie diese Dinge sowieso alle. Am besten ist es also, wenn Sie sie gleich kontinuierlich sammeln.

Berichtsplan erstellen: Erstellen Sie einen Berichtsplan nach der Leitfrage: Wem müssen Sie wann Bericht erstatten? Diese Berichte sind mehr als nur eine verwaltungstechnische Plage. Sie können auch für Sie einen Nutzen entfalten.

1. In einem Bericht müssen Sie Farbe bekennen – wo läuft es gut, wo nicht?
2. Die wenigsten aus dem Projektteam wissen, was *Sie* wissen. Berichte sind deshalb für die Kommunikation innerhalb des gesamten Teams unerlässlich. Nur so befinden sich alle auf dem aktuellen Stand.
3. Haben Sie einen Beirat oder ein Advisory Board bzw. Beratungsgremium in einem größeren Projekt, ist es auch sehr sinnvoll, dieses wenigstens zweimal im Jahr mit einem Bericht zu beglücken. So fühlen sich diese Gremien stärker in das Projekt einbezogen und erinnern sich gleichzeitig an das Projekt. Das ist insbesondere dann wichtig, wenn man die Beiratsmitglieder für Kontakte oder zum Netzwerken braucht.

BEISPIEL

Berichtsplan

Art des Berichts	Für wen?	Bis wann?	Erledigt?
Statusbericht	Team / Konsortium	Nach jedem Quartal	
		1. Quartal – 31.03.2019	
		2. Quartal – 30.06. 2019	
		3. Quartal – 30.09.2019	
Zwischenbericht	Geldgeber	Nach 1 Jahr – 30.11.2020	
Schlussbericht	Geldgeber	Projektende – 30.11.2021	

Abb. 18 *Beispiel Berichtsplan*

8 Wann überzeugt ein Projektvorschlag?

Qualitätskriterien der Europäischen Kommission: Die Europäische Kommission hat drei Kriterien (Relevanz/Machbarkeit/Gute Steuerung) festgelegt (Europäische Kommission 2004, S. 23), die über die Qualität eines Projekts entscheiden, und die auch andere Geldgeber anlegen. Diese werden nachfolgend näher erläutert.

8.1 Ist das Projekt relevant?

Definition: Relevant = in einem bestimmten Zusammenhang bedeutsam, [ge]wichtig (Duden). Im Mittelalter wurden damit laut Duden »berechtigte, beweiskräftige Argumente« bezeichnet. Heute bedeutet die Frage nach der Relevanz, ob das Projektvorhaben für die Gesellschaft oder bestimmte Personengruppen oder bestimmte Entwicklungen wichtig und bedeutsam ist.

Die Europäische Kommission hat »Relevanz« in verschiedene Einzelfragen übersetzt, die hier als Checkliste dargestellt sind (Europäische Kommission 2004, S. 30). Überprüfen Sie bitte jeden einzelnen Punkt!

Konsistent mit der Ausschreibung
Geht das Projekt auf das Problem, das in der Ausschreibung genannt wurde, ein?
Falls die Ausschreibung Teil eines größeren Arbeitsprogramms ist, wie bezieht sich das Projekt auf das Programm?
Oder, wenn man sich nicht auf eine Ausschreibung bewirbt, behandelt das Projekt ein (beweisbares) Problem?
Konsistent mit übergeordnetem Arbeitsprogramm oder Stiftungszielen
Gehen Sie auf aktuelle, wichtige politische oder soziale oder wirtschaftliche Entwicklungen ein?
Bzw. gehen Sie auf die allgemeinen Ziele der Stiftung ein?
Berücksichtigen Sie aktuelle politische Entscheidungen, Dokumente, Strategien?
Zielgruppe und Stakeholder
Berücksichtigen Sie, falls es zutrifft, Frauen, Behinderte oder Menschen nicht-deutscher Herkunft?
Benennen Sie die Zielgruppe, alle vom Projekt Betroffenen und in das Projekt Involvierte (Stakeholder)?
Falls es zwischen diesen Parteien Konflikte oder Probleme gibt, benennen Sie diese?

Das zu lösende Problem
Analysieren Sie das Problem nachvollziehbar, wo liegen Ursachen und Folgen?
Wenn das Projekt mehrere Probleme oder Zielgruppen adressiert – wo liegen deren Verbindungen oder Konflikte?
Gelernt aus früheren Arbeiten
Beziehen Sie sich auf vorangegangene Projekte und wollen diese fortsetzen oder verbessern?
Inwiefern würde das Projekt laufende Arbeiten des Geldgebers oder wichtiger Handelnder auf dem Gebiet ergänzen?

Abb. 19 *Relevanzkriterien der Europäischen Kommission, ergänzt durch Autorin*

Bedenken Sie bitte: Mit der Ausschreibung verfolgt der Geldgeber ein bestimmtes Ziel. Er möchte etwas erreichen und vergibt dazu Gelder. Die Gelder sollen von den Antragstellern, also Ihnen, verwendet werden, um dieses Ziel zu erreichen. In Ihrem Antrag müssen Sie deshalb klar herausstellen, inwiefern Ihr Vorhaben zur Erreichung der Ziele der Ausschreibung beitragen könnte.

8.2 Ist das Projekt machbar?

Papier ist geduldig, man kann alles auf 40 Seiten versprechen. Nur – man muss glaubhaft beschreiben, *wie* man alles erreichen will. Und man muss nachweisen, dass man dazu die notwendigen Kenntnisse, Erfahrungen und Mittel hat.

Leitfragen für die Passung von Zielen und Maßnahmen:

↓ Sind die Ziele klar und bauen aufeinander auf?

↓ Können Sie mit dem übergeordneten, langfristigen Projektziel zur Erfüllung der allgemeinen Politik- oder Stiftungsziele beitragen?

↓ Haben Sie klar beschrieben, welche Zielgruppe Sie konkret mit Ihrem Projekt erreichen wollen und welche Ziele Sie hier verfolgen?

↓ Haben Sie nachvollziehbar beschrieben, welche Ergebnisse Sie am Ende der Projektlaufzeit erwarten, z. B. eine Dokumentation, einen Film, etwas Gebautes, eine Software?

Leitfragen für ein nachvollziehbares Budget:

- Sind die geschätzten Projektkosten realistisch, das heißt nicht zu niedrig, um die Umsetzung des Projekts zu gefährden und nicht zu hoch, um sich am Geldgeber zu bereichern?
- Haben Sie berechnet, welcher Projektpartner wie viele Mittel einbringen würde?

Kündigen Sie nur diejenigen Maßnahmen an, die Sie realistisch umsetzen können. Vermeiden Sie blumige Versprechungen – Sie ziehen sich sonst das Misstrauen der Gutachter zu, was in jedem Falle schlecht ist.

8.3 Wird das Projekt gut gesteuert?

Kriterien Projektmanagement: Schließlich müssen Sie zeigen, dass Sie die Durchführung des Projekts oder Vorhabens auch verwalten und steuern (managen) können und dass die Zielgruppe einen nachweisbaren Nutzen davon haben wird:

- Ist klar festgelegt, wer zum Projektteam gehört, wer welche Aufgabe erfüllt und wer das Team leitet?
- Haben Sie dargelegt und (durch Verweise auf Publikationen oder abgeschlossene Arbeiten) bewiesen, dass die jeweiligen Teammitglieder auch in der Lage sind, die Aufgaben zu erfüllen?
- Haben Sie festgelegt, wie das Team zusammenarbeiten wird?
- Haben Sie sich überlegt, wann und wie die Teammitglieder miteinander kommunizieren?
- Wie beziehen Sie die Zielgruppe hier mit ein, das heißt, wo bekommt diese die Möglichkeit, ihre Bedürfnisse zu formulieren?
- Gibt es eine Steuerungsgruppe? Wenn ja, wie arbeitet diese?
- Wie werden Sie mit Konflikten innerhalb des Teams umgehen?
- Welches Teammitglied muss wann einen Zwischenbericht einreichen?
- Wer verwaltet das Budget?
- Haben Sie Vorkehrungen zur laufenden Kontrolle des Projekts (Monitoring) und zur Bewertung am Ende (Evaluierung) getroffen?
- Sind Sie sich der Risiken, die mit der Umsetzung des Projekts verbunden sind, bewusst und haben Sie Ideen, wie Sie die Risiken mindern können?

Relevanz, Machbarkeit und Steuerung werden im Antrag geprüft und nach der Durchführung des Projekts noch einmal. Sie sind also wichtig!

8.4 Ist das Projekt nachhaltig?

Häufig wird Ihr Projekt auch nach seiner Nachhaltigkeit bewertet. Laut dem Rat für Nachhaltige Entwicklung bedeutet *nachhaltig* »Umweltgesichtspunkte gleichberechtigt mit sozialen und wirtschaftlichen Gesichtspunkten zu berücksichtigen. Zukunftsfähig wirtschaften bedeutet also: Wir müssen unseren Kindern und Enkelkindern ein intaktes ökologisches, soziales und ökonomisches Gefüge hinterlassen. Das eine ist ohne das andere nicht zu haben.«

Das Schlüsselwort hier ist: zukunftsfähig. Negativ ausgedrückt: Entwickeln Sie keine Eintagsfliegen, entfachen Sie kein Strohfeuer. Dies ist gerade bei Projekten eine große Gefahr. Deshalb sollten Projekte so angelegt werden, dass sie auch nach ihrem Ende noch weiter fortwirken können. Wie oben beschrieben, bedeutet der Begriff »nachhaltig« jedoch mehr als nur langfristig wirksam; er umfasst auch ökologische und soziale Aspekte, wie z. B.:

- Welche Auswirkungen wird Ihr Projekt auf die Umwelt haben?
- Ist das Projekt technisch machbar, werden wichtige Industrienormen berücksichtigt?
- Werden Gender-Aspekte berücksichtigt? Beziehen Sie genügend Frauen bzw. Männer ein? Wie machen Sie das?
- Gehen Sie auf die Bedürfnisse besonders verletzbarer Gruppen wie Kinder, Behinderte, Senioren ein?

  (Europäische Kommission 2004: S. 31)

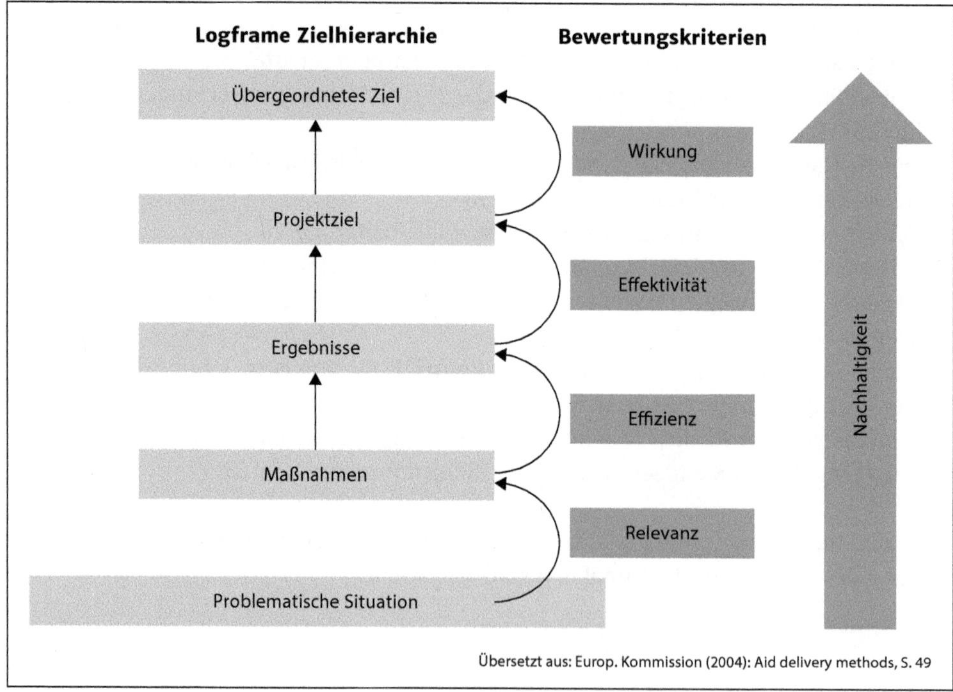

Abb. 20 *Logframe-Zielhierarchie (Europäische Kommission 2004, S. 49)*

8.5 Hat das Projekt einen europäischen Mehrwert (European added Value)?

Europäische Dimensionen: Anträge bei der EU, seien es Projektanträge, Forschungsanträge oder Anträge für Betriebskostenzuschüsse, erfordern immer einen europäischen Mehrwert. Immer! Sinn und Zweck europäischer Fördergelder ist es explizit, die sogenannte europäische Dimension in verschiedenen Bereichen zu fördern. Hiervon ausgenommen sind Anträge in der Landwirtschaft und Fischerei.

Statt Mehrwert könnte man auch sagen »europäische Relevanz«. Damit ist gemeint, dass das Projekt nicht nur Ihren eigenen Landsleuten, sondern auch Angehörigen anderer EU-Mitgliedstaaten etwas bringt. Oder dass die Forschungsergebnisse relevant für mehrere EU-Mitgliedstaaten sind.

Ebenfalls hierunter fällt die Frage, ob das Projekt in anderen EU-Ländern umgesetzt oder angewendet werden kann. Wenn Sie auf diese Fragen mit Nein antworten, hat Ihr Projekt leider keinen europäischen Mehrwert und Sie können sich die Antragstellung bei der EU gleich sparen. Wenden Sie sich dann lieber an eine Stiftung oder nationale Geldgeber.

TIPP

Sollten Sie einen europäischen Mehrwert nachweisen müssen, belegen Sie diesen auch. Weisen Sie also nach, dass Ihr Projekt in anderen Ländern umgesetzt werden kann oder dass Sie europäische Partner gewonnen haben. Ein gutes Mittel hierfür sind Verpflichtungserklärungen von europäischen Stadtverwaltungen oder Absichtserklärungen der Partner, die im Projekt mitwirken wollen.

9 Zehn Tipps zum Schreiben des Antragstextes

Ein guter Antrag aus Sicht des Gutachters

Sie wissen nicht genau, worauf Sie beim Entwerfen und Schreiben Ihres Antrags achten sollen? Im folgenden Kapitel biete ich Ihnen Hilfestellung. Idealerweise beherzigen Sie die grundlegenden Tipps beim Verfassen des nächsten Antragsentwurfes. So können Sie schon einmal jede Menge Pluspunkte sammeln.

WICHTIG

Grundsätzlich gilt: Wenn der Gutachter den Antrag nicht versteht, haben Sie ihn schlecht geschrieben.

Versetzen Sie sich in die Lage eines Gutachters. Häufig kennt er sich einigermaßen in dem Thema des Antrags aus, ist aber kein Experte für genau *Ihr* Vorhaben. Rechnen Sie grundsätzlich damit, dass der Gutachter zwar Akademiker, aber kein Spezialist auf Ihrem Gebiet ist.

Sie müssen die Verantwortung für Ihren Antrag übernehmen – sowohl für den Inhalt als auch für die Verpackung. Es kommt immer wieder vor, dass sich abgelehnte Antragsteller beschweren mit den Worten: »Die haben unser Vorhaben nicht verstanden!« Die Sache ist ganz klar: Dann haben Sie nicht deutlich gemacht, was Sie vorhaben. Denken Sie wieder an den Hausbau. Würden Sie eine Baufirma beauftragen, wenn Sie nicht verstanden haben, wie sie arbeitet und was genau sie tut?

Egal ob der Gutachter Wissenschaftler ist oder als Fachmann praktisch arbeitet, egal ob er aus Dänemark oder Israel kommt, egal ob er alt oder jung ist, Mann oder Frau – jeder freut sich, wenn er einen *gut geschriebenen Antrag* vor sich liegen hat, den er auf Anhieb versteht.

Dazu stelle ich Ihnen ein paar Hilfsmittel vor, die übrigens nicht nur Projektanträgen zu mehr Verständlichkeit und Lesevergnügen verhelfen, sondern auch für die Beschreibung Ihrer Organisation auf der Webseite, für Artikel oder was Sie sonst so schreiben, gelten. Die in diesem Kapitel enthaltenen Übungen und Beispiele sollen Ihnen helfen, Ihr Vorhaben überzeugend zu formulieren.

Schritt 1: Betrachten Sie den Antrag als eine lange Wegbeschreibung zu Ihrem Vorhaben

Nehmen Sie den Leser, also den Gutachter, »an die Hand«, wenn Sie den Antrag verfassen. Beschreiben Sie jeden Schritt, einen nach dem anderen, und erläutern Sie immer, warum dieser Schritt jetzt notwendig ist. Halten Sie dies konsequent durch!

Vor jedem »Abzweig« in Ihrer Wegbeschreibung, d. h. bei jedem neuen Aspekt, bauen Sie einen »Wegweiser« ein, also Überleitungen, damit auch ein Außenstehender versteht, warum Sie jetzt das eine oder andere vorhaben. Solche Überleitungen kann man sprachlich einleiten mit: weil, deshalb, aus diesem Grund.

SCHLECHTES BEISPIEL:

»Mit dem Vorhaben soll eine Software zur Vorhersage von Gewaltausschreitungen bei Demonstrationen entwickelt werden. Nach einer Nutzerumfrage wird ein Algorithmus programmiert, auf dessen Grundlage eine erste Simulation erfolgen kann. Anschließend ...« Haben Sie verstanden, was die genau vorhaben? Ich nicht.

GUTES BEISPIEL:

»Das Ziel unseres Vorhabens ist es, eine Software zu entwickeln, mit der man vorhersagen kann, ob es bei einer Demonstration zu Gewaltausschreitungen kommen wird. Um zu wissen, welche Funktionen diese Software für die Nutzer haben soll, werden wir zunächst 50 potenzielle Nutzer zu ihren Wünschen befragen. Die Angaben der Nutzer werten wir anschließend aus und bringen die meistgenannten Wünsche in einen logischen Zusammenhang. Auf der Grundlage dieser Bedarfsermittlung entwerfen die Ingenieure einen Algorithmus. Die Funktion des Algorithmus ist, ...«

Schritt 2: Schreiben Sie für Fachfremde

GUTES BEISPIEL:

Stellen Sie sich vor, Sie schreiben für Ihre Großmutter oder Ihren Kumpel oder sonst jemanden, der mit Ihrem Projektvorhaben nichts zu tun hat. Beschreiben Sie ihr oder ihm, worum es geht. Worin liegt das Problem? Warum ist das ein Problem? Was passiert, wenn man sich dieses Problems nicht annimmt? Welchen Beitrag leistet Ihr Vorhaben zur Lösung des Problems?

Keine Vorkenntnisse: Setzen Sie nichts voraus, keine Vorkenntnisse, kein Grundverständnis. Erklären Sie jeden Zusammenhang. Verwenden Sie keine Abkürzungen und vor allem keine Fachwörter.

Schritt 3: Lassen Sie Projektfremde gegenlesen

Testleser engagieren: Lassen Sie den Antrag nach Fertigstellung von einer Person gegenlesen, die Ihr Vorhaben nicht kennt und die Ihnen wohlgesonnen ist, z. B. von einem Kollegen aus einer anderen Abteilung. Lassen Sie sich von ihm alle Punkte markieren, die sie nicht verstanden hat. Wenn ihr Testleser Formulierungen oder Beschreibungen nicht verstanden hat, liegt es meistens nicht an ihm, sondern an den unklaren Formulierungen im Antrag. Ändern Sie diese. Dann versteht sie auch der Gutachter.

Schritt 4: Ein Gedanke, ein Absatz

Strukturieren Sie Ihren Antrag. Er sollte einer inneren Logik folgen; die einzelnen Teile sollten aufeinander aufbauen. Dies lässt sich am besten umsetzen, wenn Sie eine Grundregel beherzigen, die leider auch im deutschen Wissenschaftsbetrieb nicht allen bekannt ist: Widmen Sie jedem Gedanken einen Absatz.

Prägnanz: Schreiben Sie den Hauptgedanken zu Beginn des Absatzes und führen Sie im Weiteren diesen Gedanken aus. Diese Methode zwingt Sie, präzise zu formulieren und Wiederholungen zu vermeiden. Sie können so auch die dramaturgische Entwicklung ihres Antrags besser kontrollieren. Müssen Sie später noch einmal auf einen Aspekt eingehen, vermeiden Sie Wiederholungen und bauen Sie stattdessen Verweise ein.

Schritt 5: Begründen Sie alles

Grundsätzlich gilt: Begründen Sie alles, was Sie vorhaben. Das gilt für jeden einzelnen Arbeitsschritt! Warum? Keiner steckt in Ihrem Thema und Vorhaben so drin wie Sie. Sie wollen aber jemand anderen, in diesem Fall den Gutachter, überzeugen. Durch die Begründungen ermöglichen Sie ihm, tiefer in die Materie einzutauchen und zu verstehen, warum dieser Arbeitsschritt notwendig ist.

Gleichzeitig ist das Begründen auch eine Kontrolle für Sie selbst. Denn manchmal werden Sie feststellen, dass bestimmte Schritte unnötig oder nicht richtig zugeschnitten oder an der falschen Stelle in der Projektchronologie verortet sind.

Schritt 6: Formulieren Sie kurze Sätze

Dem Gutachter, das sei an dieser Stelle durchaus respektvoll angemerkt, fällt es leichter, einen verständlich geschriebenen Antrag in klarer Sprache zu lesen als einen, mit vielen Schachtelsätzen, dessen Inhalt sich – diesen Einschub erlaube ich mit Verweis auf die folgenden Absätze – in verschiedenen nicht aufeinander bezogenen Unterkapiteln befindet, welche sich der Gutachter, und das mag er überhaupt nicht, in mühsamer Arbeit zusammensuchen muss.

Das war jetzt nicht gut zu lesen, oder? Machen Sie es besser! Das heißt: Formulieren Sie Sätze, die maximal zwanzig Wörter umfassen. (Journalisten werden sogar angehalten, nicht mehr als zehn Wörter pro Satz zu schreiben.). Dies gilt umso mehr, wenn Sie Ihren Antrag auf Englisch verfassen.

Schritt 7: Schreiben Sie im Aktiv und benennen Sie Ross und Reiter

An deutschen Universitäten werden Studenten noch immer zum Passiv hintrainiert. (Sie fragen sich jetzt vielleicht, *wer* trainiert denn die Studenten? Ja, das können Sie diesem im Passiv verfassten Satz leider nicht entnehmen). Das Passiv birgt Ungenauigkeiten, denn es verschleiert das Subjekt eines Satzes.

Deshalb: Bilden Sie Sätze nach der guten, alten Grundschulregel: Subjekt – Prädikat – Objekt.

Vermeiden Sie Formulierungen wie »wird durchgeführt«, »wird vorgenommen« usw. *Wer* führt hier etwas durch? *Wer* nimmt hier etwas vor? Was auch oft fehlt, sind Objekte. So habe ich häufig gelesen, dass durch das Vorhaben »die Handlungsfähigkeit gesteigert wird«. Von *wessen* Handlungsfähigkeit ist hier die Rede?

Schritt 8: Beachten Sie Rechtschreibung und Interpunktion

Es ist wirklich ein Ärgernis einen Antrag zu lesen, der »fiele Vehler« enthält. Oft sind dies sogar einfache Tippfehler. Dies ist absolut vermeidbar – drücken Sie die Taste F7 auf Ihrer Computertastatur – sie aktiviert die Rechtschreibprüfung. Dies ist besonders dann wichtig, wenn Sie den Antrag nicht in Ihrer Muttersprache schreiben.

Schritt 9: Seien Sie genau

Vermeiden Sie alle Ungenauigkeiten oder Füllwörter: verschiedene, mehrere, wahrscheinlich, partout, circa, ungefähr, sozusagen, gewissermaßen, im Prinzip, etliche, quasi, ziemlich, übrigens, größtenteils, schlussendlich, hinlänglich, insofern, jedenfalls, keineswegs, mehr oder weniger, möglicherweise, nichtsdestoweniger, offenkundig, ohne weiteres, praktisch, zumeist.

TIPP

Ein guter Antrag ist kurz, knapp, präzise und auf die Erfordernisse der Ausschreibung zugeschnitten. Streichen Sie alle Redundanzen, lassen Sie alle unnötigen Informationen weg. Wenn jemand zu Beschäftigungspolitik gesucht wird, dann soll der Anbieter aus seinem Lebenslauf bitte die Publikationen zu Umweltthemen weglassen.

Schritt 10: Geben Sie Ihrem Antrag eine schöne Verpackung

Das ist natürlich im übertragenen Sinne gemeint: Statten Sie Ihren Antrag mit einem übersichtlichen Layout aus. Lassen Sie z. B. genügend Platz an den Rändern für Anmerkungen der Gutachter. Erstellen Sie Grafiken oder Schaubilder, um Ihr Vorhaben zu visualisieren. Fügen Sie, wenn möglich, Fotos ein.

Schlüsselwörter markieren: Es ist überhaupt nicht notwendig, teures Büttenpapier zu verwenden und den Antrag aufwendig zu binden. Schlicht und übersichtlich – das ist die Devise! Markieren Sie Schlüsselwörter fett. Und: Verwenden Sie, wo es passt, Aufzählungszeichen.

10 Der Antrag auf den letzten Drücker

Die Chance, mit einem Antrag, der auf den letzten Drücker geschrieben wurde, durchzukommen, liegt schätzungsweise bei maximal fünf Prozent. Sie wollen es trotzdem versuchen? Sie haben keine andere Wahl? Dann: Ärmel hochkrempeln!

10.1 Suchen Sie sich einen Unterstützer

Bevor Sie etwas anderes unternehmen, suchen Sie sich jemanden, der Ihnen hilft, die Ausschreibung oder die Förderbedingungen zu studieren. Im Idealfall kann diese Person juristische Texte gut lesen, ist besonnen und kennt Ihren Verein oder Ihre Institution zumindest ein bisschen.

10.2 Studieren Sie die Ausschreibung oder die Förderbedingungen

Hier schreibe ich mit Bedacht »studieren«. Verfallen Sie nicht in Hektik. Nehmen Sie sich die Zeit, einen Tee zu kochen, schalten Sie am Handy und Telefon den Anrufbeantworter ein und lesen Sie die Ausschreibung ganz in Ruhe. Erst einmal im Ganzen und dann Wort für Wort. Denn: Hier hat jedes Wort eine Bedeutung.

Stellen Sie sich die in Abbildung 21 aufgeführten Fragen und entscheiden Sie, ob Sie die passenden Antworten darauf haben. »Passende« Antwort ist hier wörtlich gemeint: Haben Sie das passgenaue Angebot in der Schublade?

Was steht hierzu in der Ausschreibung?	Erfüllen Sie die Anforderungen?
Was wird gefördert? Welche direkte Zielgruppe? Welche indirekte Zielgruppe? Welches direkte Ziel? Welches indirekte Ziel?	Arbeiten Sie mit dieser Zielgruppe zusammen? Verfolgen Sie mit Ihrer Arbeit oder Ihrem geplanten Projekt auch dieses Ziel?
Womit sollen Ziel und Zielgruppe erreicht werden? Werden nur bestimmte Aktivitäten gefördert?	Arbeiten Sie schon auf diese Weise? Wenn nicht, könnten Sie das – ganz ehrlich betrachtet?

Was steht hierzu in der Ausschreibung?	Erfüllen Sie die Anforderungen?
Wer darf sich bewerben? Juristische Personen? Nur gemeinnützige Organisationen?	Trifft das auf Sie zu? Eine juristische Person sind Sie, wenn Sie z. B. einen eingetragenen Verein haben. Wenn Sie nur mit ein paar Leuten etwas beantragen wollen, sind sie natürliche Personen. Gemeinnützig sind Sie dann, wenn das Finanzamt Ihnen ganz offiziell bescheinigt, dass Sie »steuerbegünstigte Zwecke« verfolgen.
Wann läuft die Antragsfrist aus?	Können Sie es realistischerweise schaffen, bis dahin einen vollständigen Antrag einzureichen? Rechnen Sie auch die normalen »Katastrophen« mit ein. Wie etwa einen Drucker, der in letzter Minute den Geist aufgibt. Auch beliebt: Der Computer, auf dem die Dokumente für den Antrag gespeichert sind, stürzt ab und ist nicht mehr wiederzubeleben.
Wie lange ist die Projektlaufzeit?	Von wann bis wann möchte der Geldgeber, dass das Projekt läuft? Lassen sich diese Vorgaben mit Ihrer Planung vereinbaren?

Abb. 21 *Leitfragen für Ausschreibungen*

Checkliste: Beantworten Sie alle Fragen. Erstellen Sie dazu eine Checkliste. Achtung! Wenn Sie auf nur eine dieser Fragen keine passende Antwort geben können, müssen Sie diese entweder ermöglichen – oder sich einen anderen Geldgeber suchen. Seien Sie ehrlich zu sich selbst, Sie verschwenden sonst möglicherweise viel wertvolle Zeit.

10.3 Haben Sie schon eine Idee?

Schauen Sie in die berühmte Schublade: Liegt da eine Idee, die Sie vor längerer Zeit schon einmal ausgearbeitet hatten und die Sie jetzt verwenden können? Oder haben Sie schon eine Idee mit den Kollegen entwickelt? Dann prüfen Sie, ob diese hundertprozentig zur Ausschreibung oder den Förderbedingungen passt.

Sie haben noch keine Idee, könnten aber grundsätzlich leisten, was von den Geldgebern gefordert wird? Dann sollten Sie jetzt ein *Kreativteam* bilden; rufen Sie Kolleginnen oder Freunde zusammen und entwickeln gemeinsam eine zündende – und: passende! – Idee.

10.4 Noch einmal: Passt Ihre Idee zur Ausschreibung?

»Naja, nicht hundertprozentig, aber man kann es schon irgendwie darunter fassen.« Wenn das die Antwort auf die Frage ist, ob Ihre Idee zur Ausschreibung oder Förderrichtlinie passt, dann – sorry – lassen Sie es lieber bleiben und suchen Sie sich einen anderen Geldgeber. Ihre Idee muss zu hundert Prozent passen. Gehen Sie die Checkliste sorgfältig durch: Ja, alles ist passgenau! Großartig, dann geht es weiter.

10.5 Stellen Sie ein Team zusammen

Viele Hände – schnelles Ende! Je mehr Helfer Sie haben, umso leichter wird das Antragschreiben. Verteilen Sie die Last auf mehrere Schultern. Im Idealfall haben Sie:

- einen **Texter**: Das ist jemand, der anderen Personen verständlich machen kann, was Sie vorhaben. Was einen guten Text ausmacht lesen Sie Kapitel 9.
- eine **Rechnerin**: Das ist jemand, der gut rechnen und kalkulieren kann, der sich mit dem Programm Excel auskennt und Ihnen Ihr Budget zusammenrechnen kann. Wie man Personal- und Sachkosten für ein Projekt kalkuliert, lesen Sie in Kapitel 6.
- ein **Mädchen**/einen **Jungen für alles**. Das ist jemand, der z. B. fehlende Dokumente wie einen Freistellungsbescheid oder Partnerzusagen eintreibt, der Urkunden kopiert und scannt, der recherchiert, was sonst noch zu dem Thema angeboten wird, der Ihnen Kaffee kocht, der das Geschriebene in ein schönes Layout bringt, der die Tonerkassette am Drucker wechselt usw.
- einen **Koordinator:** Das ist jemand, der den Überblick behält, der von allen Helfern die Zuarbeiten einfordert und dafür Sorge trägt, dass der Antrag fristgerecht abgeschickt wird.

Netzwerke und Beratungszentren: Während Sie das lesen steigt Panik in Ihnen auf? Sie haben eine erhöhte Pulsfrequenz und kalter Schweiß bricht aus, weil Sie so jemanden gerade nicht verfügbar haben? Fragen Sie in Netzwerken nach oder erkunden Sie sich in nationalen Beratungszentren, die Sie eigens bei der Bewerbung in EU-Programmen unterstützen sollen:

Für Forschungsförderung: Nationale Kontaktstellen (NKS) im Bundesministerium für Bildung und Forschung.

- Für Projekte im Bildungsbereich: Nationale Agentur beim Bundesinstitut für Berufsbildung (NABIB).
- Für Projekte im Kulturbereich: Kontaktstelle Deutschland »Europa für Bürgerinnen und Bürger« bei der Kulturpolitischen Gesellschaft e. V.

10.6 Das Wichtigste zuerst

Überprüfen Sie, welche Teile des Antrags absolut notwendig, also essenziell sind, und welche »nice to have«, also Antragsteile, von denen es schön wäre, wenn man sie hätte, aber ohne die es auch geht. In der Regel sind die essenziellen Teile diejenigen, die keiner bearbeiten mag:

- Wirkung/Impact,
- Methode,
- Budget.

Überprüfen Sie, ob es für verschiedene Antragsteile unterschiedliche Punkte gibt. Bei EU-Anträgen ist das häufig so. Da gibt es 30 von 100 Punkten für Impact und 5 von 100 für »Europäische Dimension«. Worauf verwenden Sie also die meiste Energie?

10.7 Das Abschicken des Antrags vorbereiten

Für die Koordinatorin: Machen Sie sich ruhig früh, also mindestens zwei Wochen vor Antragsfrist damit vertraut, wie der Antrag übermittelt werden soll und bereiten dies schon einmal technisch vor.

Per Post? Dann prüfen Sie, ob der Drucker noch genügend Tinte und Papier hat und suchen Sie sich für alle Fälle die Adressen eines 24-Stunden-Kopierladens in Ihrer Nähe heraus. Außerdem ein Postamt, das möglichst bis 22 oder 24 Uhr geöffnet hat.

Per E-Mail? Den Antrag einfach nur als PDF-Anhang versenden? Dann prüfen Sie, ob Ihr PDF-Programm mit dem Sie Word-Dateien in PDF-Dateien umwandeln, störungsfrei funktioniert.

Über eine spezielle Software? Manche Anbieter haben eine eigene Antragssoftware. Da muss man sich erst einmal registrieren. Die ist in der Regel auch etwas komplizierter in der Handhabung. Machen Sie sich rechtzeitig damit vertraut. Laden Sie alle Dokumente hoch, wenn sie fertig sind, und nicht erst zum Schluss – denn das machen alle! Es kann Ihnen dann passieren, dass der Server überlastet ist und Sie erst nach Fristablauf Ihren Antrag hochladen können. Je nachdem wie streng die Vorschriften sind, kann das schon den Ausschluss Ihres Antrags aus dem Verfahren bedeuten …

Und nun: Viel Erfolg!

11 Ein (beinahe) echtes Beispiel einer fördernden Stiftung

Da erfahrungsgemäß die meisten Fragen dann auftauchen, wenn man ein konkretes Beispiel vor Augen hat, werden wir jetzt die Antragsbedingungen einer typischen Stiftung aus dem Sozialbereich einmal genauer studieren. Fühlen Sie sich an die Hand genommen, wenn wir uns Schritt für Schritt durch den Antragsdschungel kämpfen.

11.1 Wissenswertes über Stiftungen

Eine Stiftung verfolgt ähnlich wie ein Verein einen Zweck. Dafür hat sie Geld, das ihr der Stifter zur Verfügung gestellt hat. Zum Beispiel hat Hermann Terweiden für seine an Parkinson verstorbene Frau Hilde Ulrichs sein Vermögen zur Erforschung der Parkinson-Krankheit gestiftet, mit dem dann die Hilde-Ulrichs-Stiftung gegründet wurde.

In der Regel wird nicht das Stiftungsvermögen selbst für die Zwecke verwendet, sondern nur die Erträge, z. B. aus Guthabenzinsen.

Es gibt zwei Arten von Stiftungen:

- Förderstiftungen, die Maßnahmen anderer Einrichtungen oder Personen *finanziell fördern*, und
- *operative* Stiftungen, die ihre eigenen Projekte durchführen.

Wenn Sie also auf der Suche nach einer Stiftung sind, die Ihr Projekt fördern soll, müssen Sie zunächst einmal sicherstellen, dass Sie eine fördernde Stiftung finden.

11.2 Die Internetseite der Stiftung analysieren

Wir gehen auf die Startseite der fiktiven Herbert und Marga Odenthal-Stiftung. Wo würden Sie jetzt weitersuchen? Zunächst einmal informieren wir uns über die Stiftung im Allgemeinen. Was macht sie? Wo liegen ihre Förderschwerpunkte? Wen fördert sie? Welche Maßnahmen fördert sie?

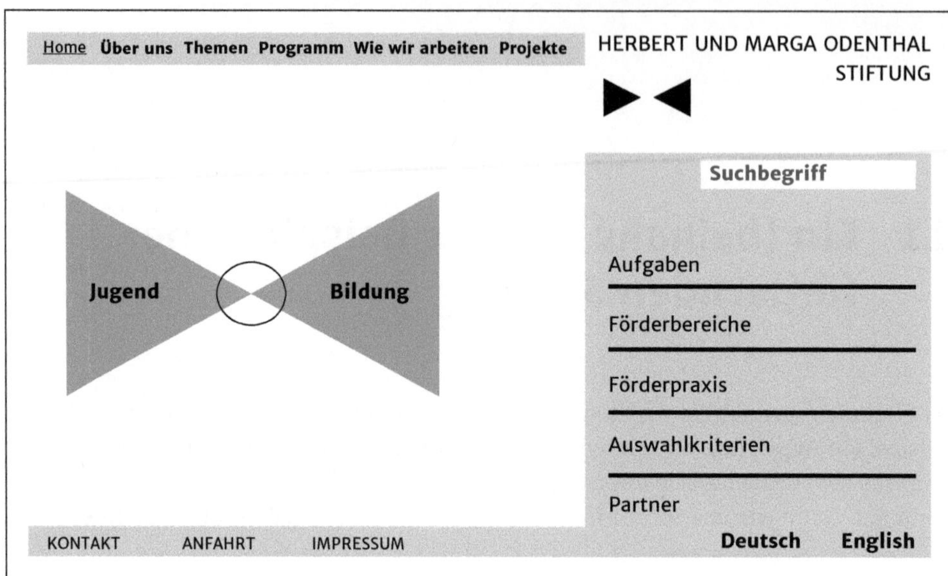

Abb. 22 *Startseite der Internetseite der fiktiven Herbert und Marga Odenthal-Stiftung*

Wenn Sie zu der Feststellung gelangen, dass die Stiftungszwecke und ihr Förderspektrum zu Ihrem Vorhaben passen, gehen wir einen Schritt weiter. Wir klicken auf die Überschrift »Wie wir arbeiten«. Hier finden wir heraus, ob die Stiftung Dritte fördert (also im Idealfall auch Sie!) oder ob sie operativ tätig ist. Operativ tätig heißt, dass die Stiftung ihre eigenen Projekte durchführt.

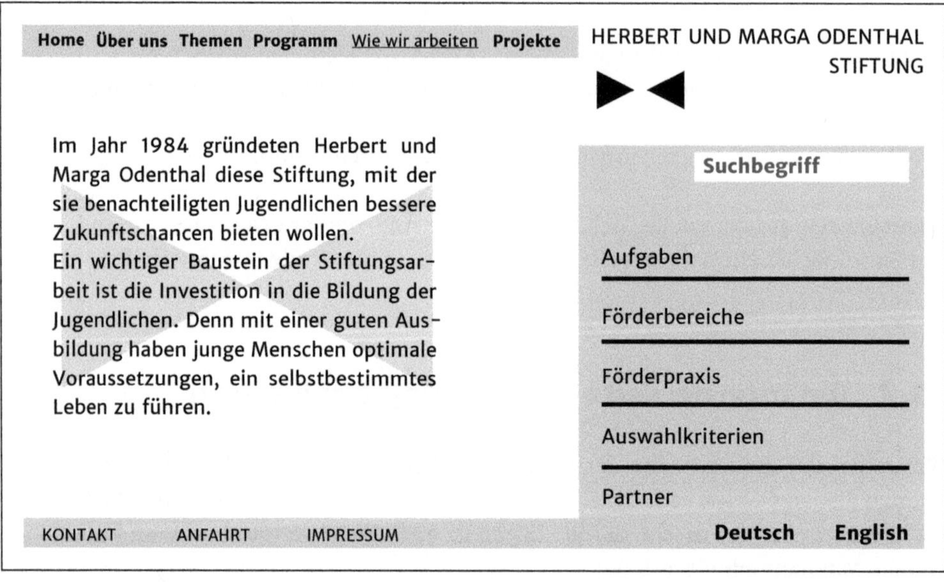

Abb. 23 *Arbeitsweise der fiktiven Herbert und Marga Odenthal-Stiftung*

W-Fragen stellen: Aha. Sie fördert. Das sind gute Nachrichten. Weiter. Wir suchen jetzt Antworten auf die W-Fragen:

- Was fördert sie (welche Aktivitäten)?
- Wen fördert sie (juristische oder private Personen, nur gemeinnützig)?
- Wann sind die Einreichfristen?
- Wie muss man sich bewerben?

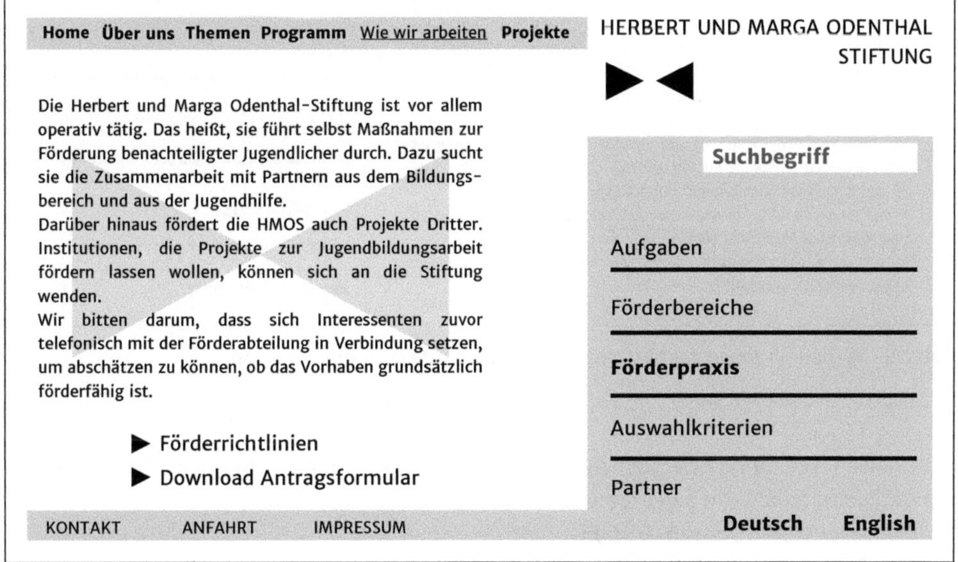

Abb. 24 *Förderpraxis der fiktiven Herbert und Marga Odenthal-Stiftung*

Als nächstes schauen wir uns die **Förderrichtlinien** an. Wofür setzt sich diese Stiftung ein?
Diese Stiftung ist beides, fördernd und selbst tätig. Gut.

Kriterien abarbeiten (Abb. 25): »Projekte der HMOS sollen dazu beitragen, benachteiligten Jugendlichen bessere Zukunftschancen zu bieten.« Fragen Sie sich nun selbst: Trifft dieses Kriterium auf Ihr Vorhaben zu? Planen Sie tatsächlich ein Projekt, das sich einerseits mit benachteiligten Jugendlichen beschäftigt und das andererseits in der Lage ist, ihnen bessere Zukunftschancen zu bieten?

Lesen Sie den Text genau: Im dritten Absatz steht »und«: Das heißt, alle Förderziele (Eigenverantwortung, Hilfe zur Selbsthilfe *und* Kreativität) müssen erfüllt sein.

»Bevorzugt werden ...«, das heißt für Sie: Es ist praktisch eine Bedingung, auch wenn sich dies rechtlich nicht so verhält. Es werden sich so viele andere Einrichtungen bei dieser Stiftung bewerben, dass nur diejenigen Vorschläge ausgewählt werden, die diesem Wunsch der Stiftung nachkommen.

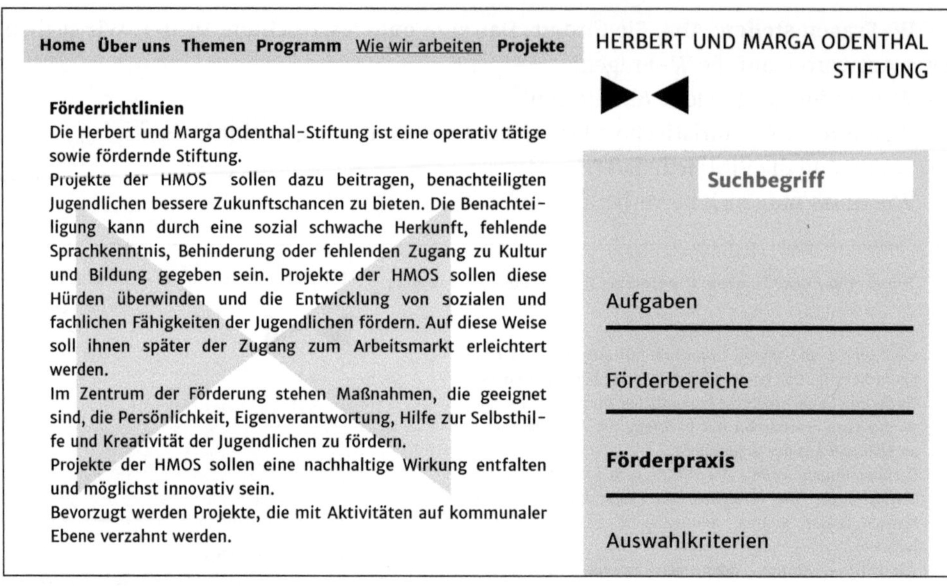

Abb. 25 *Förderrichtlinien der fiktiven Herbert und Marga Odenthal-Stiftung*

Sie müssen alle diese Kriterien mit Ihrem Vorhaben erfüllen können. Sollte dies nicht der Fall sein, haben Sie zwei realistische Möglichkeiten:

1. Sie lassen Ihren Antrag bleiben.
2. Sie überlegen, wie Sie Ihr Vorhaben an die Anforderungen der Stiftung anpassen können.

Projekt anpassen: Wenn Sie sich für die zweite Variante entscheiden, sollten Sie die Anpassungen ehrlich und umfassend vornehmen. Es reicht nicht, Ihr ursprüngliches Projekt »durchzudrücken« und es für den Antrag etwas umzuformulieren. Das liest man sofort raus – und die Mühe war umsonst!

In diesem Fall empfehle ich Ihnen, den Prozess zur Ideenfindung und Projektplanung wie in Kapitel 3 beschrieben, zu durchlaufen.

Antragsbedingungen: Wenden wir uns nun den Antragsbedingungen (siehe Abbildung 20) zu. Darunter fallen alle Formalia.

- »Bevor Sie einen Antrag einreichen, rufen Sie uns bitte an.« Das heißt im Klartext: Die Stiftung bekommt Unmengen von Anträgen, die nicht die Förderbedingungen der Stiftung erfüllen. Halten Sie sich bitte vor Augen, dass das Stiftungsrecht sehr streng ist. Eine Stiftung kann nicht völlig frei ihre Gelder vergeben – sie muss diese immer entsprechend des Stiftungszwecks einsetzen. Deshalb sollten Sie der Aufforderung folgen und sich telefonisch erkundigen, ob Ihr Vorhaben überhaupt in das Förderspektrum passt.
- Maximal zwei Seiten. Das heißt für Sie: Nicht mehr als zwei Seiten! Interessanterweise denken viele Antragsteller, diese Regel würde für sie nicht gelten und schrei-

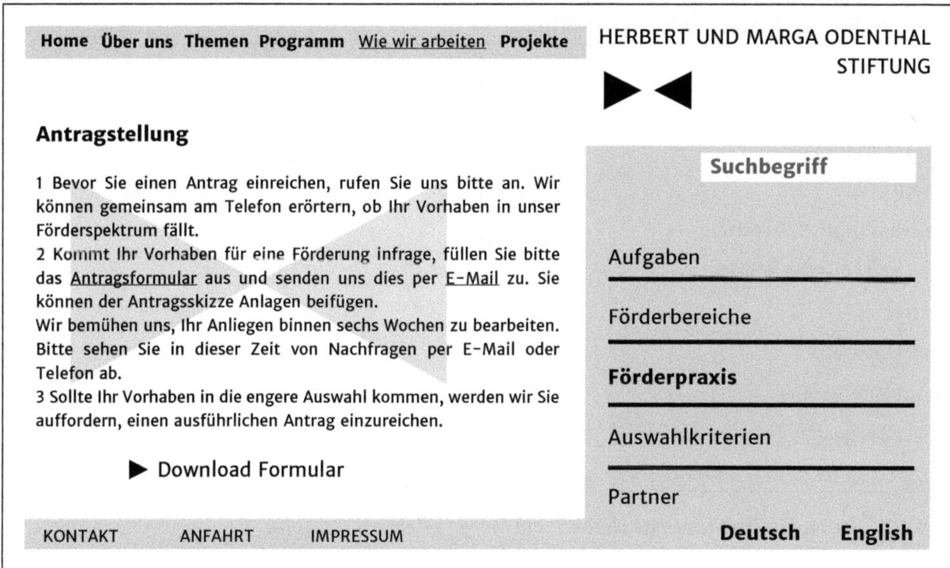
Home Über uns Themen Programm Wie wir arbeiten Projekte

HERBERT UND MARGA ODENTHAL STIFTUNG

Antragstellung

1 Bevor Sie einen Antrag einreichen, rufen Sie uns bitte an. Wir können gemeinsam am Telefon erörtern, ob Ihr Vorhaben in unser Förderspektrum fällt.
2 Kommt Ihr Vorhaben für eine Förderung infrage, füllen Sie bitte das Antragsformular aus und senden uns dies per E-Mail zu. Sie können der Antragsskizze Anlagen beifügen.
Wir bemühen uns, Ihr Anliegen binnen sechs Wochen zu bearbeiten. Bitte sehen Sie in dieser Zeit von Nachfragen per E-Mail oder Telefon ab.
3 Sollte Ihr Vorhaben in die engere Auswahl kommen, werden wir Sie auffordern, einen ausführlichen Antrag einzureichen.

▶ Download Formular

Suchbegriff

Aufgaben

Förderbereiche

Förderpraxis

Auswahlkriterien

Partner

KONTAKT ANFAHRT IMPRESSUM

Deutsch **English**

Abb. 26 *Antragstellung bei der Herbert und Marga Odenthal-Stiftung*

ben mehr. Nicht gut! Lesen Sie dazu die Ausführungen zu den Gutachtern zu Beginn dieses Buches. Manche halten sich für besonders findig und packen zusätzliche Informationen in einen Anhang. Noch schlechter. Die Gutachter sind ja nicht auf den Kopf gefallen. Lesen Sie deren Tipps weiter oben im Buch (siehe Seite 89).

- »Sie können der Antragsskizze Anlagen beifügen.« Erkundigen Sie sich vorab per Telefon oder E-Mail, was man alles in die Anlagen packen kann. Bildmaterial? Skizzen? Eine Bedarfsanalyse?

11.3 Den Förderantrag analysieren

Hier haben wir nun den Förderantrag.
Ach, ist der schön! So kurz. Die Themen, die hier gefragt sind, haben wir alle oben im Buch bereits abgehandelt (siehe Kapitel 4). Wir gehen Sie dennoch hier Punkt für Punkt durch:

- **Projekttitel**: Da suchen Sie bitte einen griffigen und schönen Titel. Der muss nicht selbsterklärend sein, dafür können Sie einen Untertitel nehmen. Sie haben keine Idee? Dann gehen Sie auf die Webseiten verschiedener Stiftungen, von Ministerien oder der EU und schauen sich dort die Liste der geförderten Projekte an.
- **Projektträger**: Das ist diejenige Einrichtung, die den Antrag stellt, das Projekt durchführt, rechtlich verantwortet und abrechnet. Erkundigen Sie sich bitte, ob dies eine juristische oder natürliche Person sein soll bzw. darf und ob die Einrichtung gemeinnützig sein muss. Trifft dies nicht auf Sie zu, überlegen Sie, ob Sie sich einen passenden Partner suchen.

▶◀ Herbert und Marga Odenthal-Stiftung	
Projekttitel	
Projektträger	
Projektziel	
Zielgruppe	
Relevanz (max. 800 Wörter)	
Start und Ende des Projekts	
Partner	
Projektbudget	
Beantragte Summe	
Ko-Finanzierung	
Ansprechpartner	

Abb. 27 *Formular Förderanfrage Herbert und Marga Odenthal-Stiftung*

- **Projektziel**: Fassen Sie hier zusammen, worum es bei Ihrem Projekt geht und was sie damit erreichen wollen. Bitte bedenken Sie, dass alles – Ziele, Zielgruppe und Maßnahmen – überprüfbar sein muss. Das heißt für Sie, ganz konkret formulieren, so wie es im Kapitel »Den Antrag schreiben« auf Seite 27 erläutert ist.
- **Zielgruppe**: Wen sprechen Sie mit Ihrem Projekt an? Wer profitiert von Ihrer geplanten Maßnahme?
- **Relevanz**: Welches Problem wollen Sie mit Ihrem Projekt lösen? Wer ist direkt und indirekt davon betroffen? Beschreiben Sie die Ausgangssituation und führen Sie aus, was passiert, wenn Sie sich hier nicht engagieren.

11.4 Den Förderantrag formulieren

Der Antrag könnte wie folgt formuliert sein:

- **Problemstellung:** Das Viertel Hohenloh in Neustadt ist durch eine hohe Jugendarbeitslosigkeit von 21 Prozent (Stand: Dezember 2015) geprägt. Die Schulabbrecherquote unter den schulpflichtigen Jugendlichen beträgt 15 Prozent und liegt damit weit über dem Durchschnitt von Neustadt (3 Prozent) sowie über dem Bundesdurchschnitt (9 Prozent). Gleichzeitig liegt der Anteil der Schulabbrecher unter den 2014 in Neustadt straffällig gewordenen Jugendlichen bei 60 Prozent. Das heißt, Jugendliche aus Hohenloh haben eine deutlich geringere Wahrscheinlichkeit, erwerbstätig zu werden und gleichzeitig ein höheres Risiko, straffällig zu werden, als andere Jugendliche aus Neustadt oder aus dem Bundesgebiet.
- **Zielgruppe:** Dieser Gruppe Jugendlicher aus Hohenloh wollen wir uns in unserem Projekt »PEER« annehmen.

- **Ziel:** Mit dem Projekt »Peer« verfolgen wir drei kurzfristige Ziele: Erstens, wollen wir erreichen, dass mindestens zehn Jugendliche aus Neustadt-Hohenloh innerhalb der Projektlaufzeit einen Schulabschluss erwerben. Zweitens, sollen diese zehn Jugendlichen eine Weiterbildung als »Peer-Coach« abschließen. Drittens ist es Ziel, dass diese gecoachten Jugendlichen ihrerseits zwanzig »schulabstinente« Jugendliche davon überzeugen, wieder regelmäßig zur Schule zu gehen. Mittelfristig wollen wir so die Berufsfähigkeit und Chancen dieser jungen Menschen auf ein selbstbestimmtes Leben fördern.
- **Inhalt:** Wir planen, einzelne arbeitslose Jugendliche ohne Schulabschluss in einem Förderprogramm zu qualifizieren. Anschließend werden sie ihre Freunde und Bekannten davon überzeugen, zur Schule zu gehen, einen Abschluss zu machen und eine Berufsausbildung aufzunehmen. Qualifizieren bedeutet hier, dass die Jugendlichen in einer 1:1-Förderung von einem Sozialarbeiter gecoacht werden. Gemeinsam mit ihrem Coach gehen sie zur Schule und machen am Ende ihren Abschluss. Das Coaching beinhaltet Nachhilfe in allen notwendigen Schulfächern sowie ein Kommunikationstraining. Hier werden die Jugendlichen in gewaltfreier Kommunikation geschult und lernen in einem zweiten Schritt, sich selbst und ein Vorhaben überzeugend zu präsentieren. Wenn sie ihren Schulabschluss und das Coaching abgeschlossen haben, werden sie zur »PEER-Prüfung« zugelassen. Haben sie diese erfolgreich bestanden, dürfen sie als »PEER« in ihre Community, also zu Jugendlichen in ihrer Wohngegend, gehen und können ihre Freunde und Bekannten davon überzeugen, einen ähnlichen Weg zu gehen. Für diese Tätigkeit, die rechenschaftspflichtig ist und kontrolliert wird, werden die »PEER« bezahlt – der Anreiz für ihr Engagement.

  Durch diesen niedrigschwelligen Ansatz wollen wir Jugendliche aus Hohenloh dafür gewinnen, sich bei anderen für einen Schulbesuch und eine anschließende Ausbildung stark zu machen. Gleichzeitig fördern wir ihre Berufsfähigkeit und ihre Chancen auf ein selbstbestimmtes Leben.
- **Start und Ende des Projekts**: Hier geben Sie Startmonat und Endmonat ein. Bitte kalkulieren Sie auch die Öffentlichkeitsarbeit und Abrechnung des Projekts in den Projektzeitraum mit ein, also lieber ein bis zwei Monate länger kalkulieren, als hinterher verlängern müssen.
- **Partner**: Mit wem wollen Sie dieses Projekt durchführen? Bitte geben Sie alle Partner mit Ansprechpartner und Internetadresse an.
- **Projektbudget**: Wie viel würde das gesamte Projekt kosten, inklusive Personal- und Sachkosten – alles, von A bis Z?

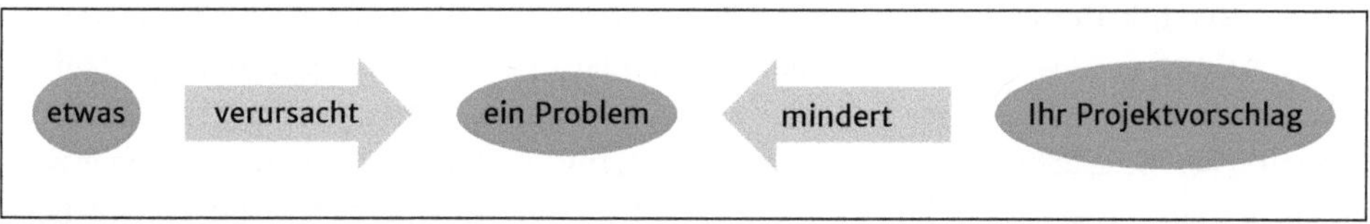

***Abb. 28** Beispiel Illustration Projektziel*

- **Beantragte Summe**: Wie viel von den gesamten Projektkosten möchten Sie von der Stiftung fördern lassen? Üblicherweise zahlen Geldgeber keine 100 Prozent; meist wird eine Ko-Finanzierung oder ein Eigenbeitrag erwartet. Geben Sie die beantragte Summe am besten sowohl in Euro als auch prozentual an.
- **Ansprechpartner**: An wen kann sich die Stiftung bei Rückfragen wenden?

11.5 Die Auswahlkriterien beachten und erfüllen

Sie denken, dabei können Sie es belassen? Mich würde solch ein kurzer Antrag – ehrlich gesagt – misstrauisch stimmen. Ich erkundige mich lieber noch einmal, ob dies wirklich alles gewesen sein soll.

Wir recherchieren also noch etwas auf der Webseite und stoßen – hach! – auf den Punkt »Auswahlkriterien«. Sie erinnern sich? Weiter oben schrieb ich, dass es immer wichtig ist, sich die Bewertungskriterien anzuschauen und diese Punkt für Punkt zu erfüllen. Gehen wir also auf die Seite »Gütekriterien«. Was wir hier finden, sieht schon nach deutlich mehr Arbeit aus:

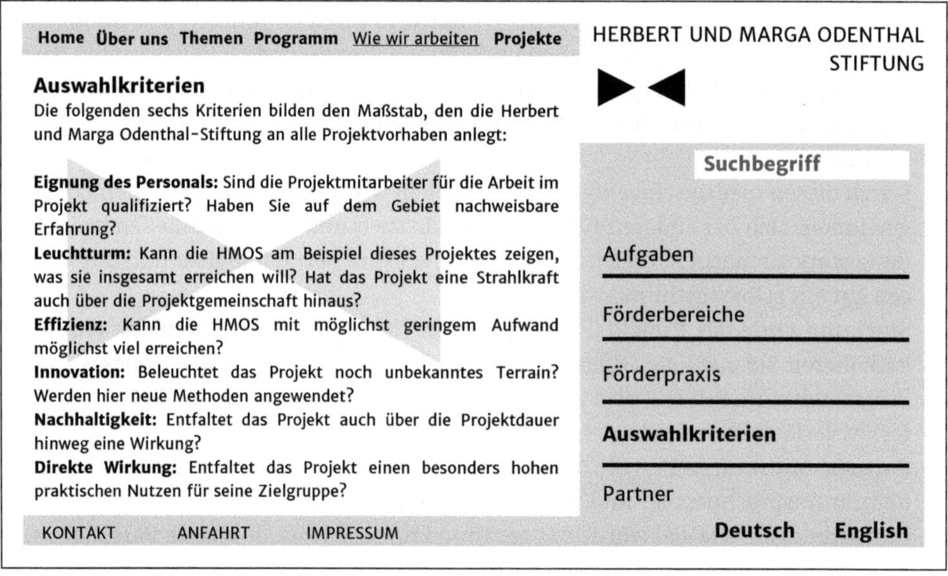

Abb. 29 Auswahlkriterien der fiktiven Herbert und Marga Odenthal-Stiftung

Diese Auswahlkriterien werden vermutlich erst überprüft, wenn Sie nach der ersten Vorabprüfung des zweiseitigen Papiers einen ausführlichen Antrag einreichen sollen. Dennoch sollten Sie sich diese Kriterien schon jetzt genau durchlesen und sich 1. überlegen, ob Sie diese erfüllen können (wenn nicht, investieren Sie Ihre Energie lieber woanders), und 2. diese Kriterien schon in der Kurzfassung weitgehend mit aufnehmen, damit Sie die erste Hürde überwinden können!

Gehen wir die Auswahlkriterien im Einzelnen durch:

1. Eignung des Personals: »Sind die Projektmitarbeiter für die Arbeit im Projekt qualifiziert? Haben Sie auf dem Gebiet nachweisbare Erfahrung?« Zeigen Sie,

- wer an dem Projekt mitwirken wird,
- welche Qualifikation jede einzelne Person hat (manchmal braucht man hierfür Nachweise, also Zeugnisse),
- welche Erfahrungen jede einzelne Person bereits gemacht hat, die gewinnbringend für das Projekt sein könnte.

TIPP

In der Forschung, der Wirtschaft oder in der Politik sollte man solche Ausführungen sehr sachlich halten; im Kreativbereich, und manchmal auch im Sozialbereich, kann man solche Informationen durch Bilder, Zitate oder Illustrationen anreichern. Erkundigen Sie sich vorher.

2. Leuchtturm: »Kann die HMOS am Beispiel dieses Projektes zeigen, was sie insgesamt erreichen will? Hat das Projekt eine Strahlkraft auch über die Projektgemeinschaft hinaus?«

Hier stoßen wir wieder auf die Logik der Projektförderung (siehe Kapitel »Warum werden Projekte gefördert?«, Seite 20). Bei Fördermitteln geht es nicht darum, dass Sie sich Ihren Traum erfüllen, sondern ob Sie den passenden Vorschlag zur Lösung von Problemen haben, die Ihr potenzieller Geldgeber angehen möchte. Das heißt, Sie müssen sich mit dem potenziellen Geldgeber, seinen Zielen und auch seinen Werten vertraut machen und sich kritisch fragen, ob Ihr Vorhaben dazu passt. Wenn Sie diese Frage mit »Ja« beantworten können, müssen Sie nun konkret, das heißt an Beispielen, illustrieren, welchen Beitrag Sie mit Ihrem Projektvorhaben zum großen Ganzen leisten wollen.

3. Effizienz: »Kann die HMOS mit möglichst geringem Aufwand möglichst viel erreichen?«

›Effizienz‹ bedeutet das Verhältnis zwischen eingesetzten Mitteln und Ergebnis. Mit anderen Worten: Welchen Aufwand muss ich für ein bestimmtes Ergebnis betreiben? Beispiel: Brauche ich zwei Vollzeit-Sozialarbeiter, um zwei Schüler zum Schulabschluss zu bringen, ist das nicht sehr effizient. Schaffen die zwei Vollzeit-Sozialarbeiter dies bei 20 Schülern, ist die *Ratio*, also das Verhältnis, deutlich günstiger.

4. Innovation: »Beleuchtet das Projekt noch unbekanntes Terrain? Werden hier neue Methoden angewendet?«

Überlegen Sie sich, was Sie mit Ihrem Projekt anders machen könnten, z. B. eine leicht veränderte Zielgruppe, eine andere Herangehensweise, statt Kooperationspartner aus dem Sozialbereich nun vielleicht einmal aus der Verwaltung?

Versuchen Sie, die Perspektive zu wechseln. Tauschen Sie sich auf Konferenzen oder Diskussionsveranstaltungen mit Personen aus anderen Arbeitsbereichen aus.

ZUSATZWISSEN

Hier erlaube ich mir eine persönliche Bemerkung: Es ist wie eine Zivilisationskrankheit, dass alle Projekte, die heutzutage gefördert werden – von wem auch immer – immer innovativ sein sollen. Im Begriff Innovation steckt das Wort »neu«. Das heißt, man soll hier etwas Neues mit einbringen, etwas, was so noch nicht getestet wurde. Das bedeutet, dass bewährte, abgeschlossene Projekte nicht noch einmal genauso eingereicht werden können, sie müssen weiterentwickelt werden. Das ist manchmal sinnvoll, geht aber leider an vielen realen Erfordernissen, für die ein dauerhaftes Engagement notwendig ist, völlig vorbei. Wie dem auch sei, wer Fördergelder möchte, muss zeigen, wie innovativ sein Vorhaben ist.

5. **Nachhaltigkeit**: »Entfaltet das Projekt auch über die Projektdauer hinweg eine Wirkung?«

Es ist weder im Sinne der Geldgeber, noch im Sinne der Zielgruppe sogenannte »Eintagsfliegen« oder »Strohfeuer« zu fördern. Das sind Projekte, die einmal durchgeführt wurden und an die sich nach deren Beendigung kaum jemand erinnert. Solche Strohfeuer haben keine oder nur eine sehr begrenzte Wirkung entfaltet; das Personal hat die gewonnenen Erfahrungen und Expertise nicht weiterverwendet.

Deshalb sollte man sich überlegen, wie die Ergebnisse, die mit dem Projekt erzielt wurden, langfristig nutzbar gemacht werden können, oder wie sie weiteren Personengruppen als der ursprünglichen Zielgruppe zum Vorteil gereichen können.

›Nachhaltig‹ ist hier im Sinne von ›dauerhaft‹ gemeint. Nachhaltigkeit wird meist jedoch in einem Dreiklang verwendet, der eine dauerhaft verträgliche Nutzung in (1) ökonomischer, (2) ökologischer und (3) sozialer Hinsicht meint. Grob gesagt, geht es darum, sparsam mit menschlichen und natürlichen Ressourcen zu haushalten. Je nach Förderprogramm werden verschiedene Bedeutungen von Nachhaltigkeit zugrunde gelegt.

6. **Direkte Wirkung**: »Entfaltet das Projekt einen besonders hohen praktischen Nutzen für seine Zielgruppe?«

Direkt heißt unmittelbar: Profitiert die Zielgruppe direkt von dem Projekt? Wenn ja, wie? Und können Sie das nachweisen?

11.6 Wer vergibt Fördermittel?

Auf dem Portal für Stiftungen und Stiftungswesen gibt es eine Datenbank, in der ein Großteil der deutschen Stiftungen registriert ist: http://www.stiftungen.org. Gehen Sie hier zum Suchfeld »Stiftungssuche«.

Europäische Forschungsgelder können Sie bei der Generaldirektion »Forschung« der Europäischen Kommission beantragen: https://ec.europa.eu/programmes/horizon 2020/ (nur auf Englisch).

Viele Ministerien haben eigene Förderbudgets, so z. B. die Ministerien für Forschung, Jugend, Frauen und Senioren, Landwirtschaft, Umwelt, Kultur. Schauen Sie auch bei den nachgeordneten Behörden nach, wie z. B. beim Bundesamt für Migration und Flüchtlinge.

Forschungsgelder vergibt die Deutsche Forschungsgesellschaft DFG: http://www.dfg.de/

Wollen Sie nur ein kleines Projekt Ihres Vereins fördern lassen, dann versuchen Sie es doch bei den Sparkassenstiftungen: http://www.sparkassenstiftungen.de/home/

Darüber hinaus haben die meisten Banken und auch großen Konzerne mittlerweile ihre eigenen Förderbereiche.

Literatur

Bildungsserver Sachsen-Anhalt (2015): Hinweise zur Bewertung der sprachlichen Leistung in den modernen Fremdsprachen, http://www.bildung-lsa.de/files/d3f05c65b2484051df96f44dab501052/SL_brief_anl1.pdf, 07.07.2015.

Europäische Kommission: H2020 Online Manual. http://ec.europa.eu/research/participants/portal/desktop/en/funding/guide.html, 07.07.2015.

Europäische Kommission (2004): Aid delivery methods, Vol. 1 Project cycle management guidelines, https://ec.europa.eu/europeaid/aid-delivery-methods-project-cycle-management-guidelines-vol-1_en, 05.01.2015.

Europäische Kommission (2015a): Annex to the Commission Implementing Decision concerning the adoption of the work programme for 2015 and the financing for Union actions within the framework of the Asylum, Migration and Integration Fund, Brussels, 3.8.2015 C (2015) 5385 final.

Europäische Kommission (2015b): Guidance. How to draw up your consortium agreement, http://ec.europa.eu/research/participants/data/ref/h2020/other/gm/h2020-guide-cons-a_en.pdf, 07.07.2015.

Europäisches Parlament, Rat der Europäischen Union (2013): Verordnung (EU) Nr. 1296/2013 über ein Programm der Europäischen Union für Beschäftigung und soziale Innovation (»EaSI«), Amtsblatt L 347/238 ff.

Europäisches Parlament, Rat der Europäischen Union (2014): Verordnung (EU) Nr. 516/2014 zur Einrichtung des Asyl-, Migrations- und Integrationsfonds, Amtsblatt L 150/168 ff.

OECD, Glossary of Key Terms in Evaluation and Results-Based Management, 2002, www.oecd.org/publications/.

Roth, Erwin (1995): Sozialwissenschaftliche Methoden. Lehr- und Handbuch für Forschung und Praxis. München.

Schnell, Rainer; Hill, Paul B.; Esser, Elke (2013): Methoden der empirischen Sozialforschung. München.

Die Autorin

Dr. Mechthild Baumann hat Politikwissenschaft in Berlin und Paris studiert. Seit 2003 arbeitet sie in der europapolitischen Erwachsenenbildung, ein Bereich, der stark von der Projektförderung lebt und immer wieder von Kürzungen bedroht ist. Seit 2012 begutachtet sie für die Europäische Kommission Förderanträge, sowohl aus der Forschung als auch für operative Projekte. Schließlich ist sie auch als Evaluatorin von Programmen im Bildungsbereich europaweit unterwegs.

Mechthild Baumann lebt mit ihrer Familie in der Nähe von Berlin.

Die Grafikerin

Die Grafiken hat Pauline Schlesier erstellt. Die Absolventin der Bauhaus-Universität Weimar hat sich als Designerin mit dem Label Orakley selbstständig gemacht. Dabei hat sie sich auf Illustrationen und Grafiken spezialisiert. www.orakley.de

Stichwortverzeichnis